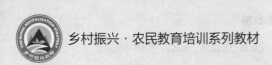

乡村振兴·农民教育培训系列教材

大田小麦
田间管理技术

刘爱月　张淑省　施运锋　主编

中原农民出版社
·郑州·

图书在版编目（CIP）数据

大田小麦田间管理技术 / 刘爱月, 张淑省, 施运锋主编.— 郑州：中原农民出版社, 2023.2

ISBN 978-7-5542-2687-2

Ⅰ.①大… Ⅱ.①刘… ②张… ③施… Ⅲ.①小麦—田间管理 Ⅳ.①S512.105.3

中国国家版本馆 CIP 数据核字（2023）第 010728 号

大田小麦田间管理技术
DATIAN XIAOMAI TIANJIAN GUANLI JISHU

出 版 人：刘宏伟

策划编辑：王学莉

责任编辑：侯智颖

责任校对：王艳红

责任印制：孙　瑞

装帧设计：薛　莲

出版发行：中原农民出版社

地址：郑州市郑东新区祥盛街 27 号　　邮编：450016

电话：0371-65788656（编辑部）

经　　销：全国新华书店

印　　刷：河南美图印刷有限公司

开　　本：850 mm×1168 mm　1/32

印　　张：6

字　　数：155 千字

版　　次：2023 年 2 月第 1 版

印　　次：2023 年 2 月第 1 次印刷

定　　价：28.00 元

如发现印装质量问题影响阅读，请与印刷公司联系调换。

本书编委会

前　言

　　小麦属禾本科小麦属，是一种在世界各地广泛种植的谷类作物，种植面积最大、总产量最高，是营养十分丰富的粮食作物之一。根据播种时间可分为春小麦和冬小麦两种，在我国以种植冬小麦为主。提高小麦产量在小麦种植中意义重大，而提高小麦产量，不仅需要应用科学的播种技术，还要监测小麦在各个生长阶段的苗情变化，并及时采取措施，确保小麦健康生长。因此，小麦田间管理技术是小麦栽培技术中的重要环节，田间管理技术的好坏直接关系到小麦能否获得较高的单位面积产量。

　　本书结合大田小麦的生产特点，总结了各地小麦优质高产的田间管理技术，本着实用、科学、先进和简单易学的原则编写而成。本书共五章，分别为大田小麦各阶段管理技术、大田小麦土肥水管理技术、大田小麦病虫害防治技术、大田小麦除草技术、大田小麦气象灾害应对技术。

　　本书内容丰富，语言通俗，非常适合各级农业技术人员和广大农民朋友参考学习。

　　由于时间仓促，水平有限，书中难免存在不足之处，欢迎广大读者批评指正！

编　者

目 录

第一章 大田小麦各阶段管理技术

第一节

小麦苗期管理

一、冬前及越冬期麦田管理

从播种出苗到越冬开始（日平均气温降到2℃以下）是小麦的冬前生长时期。适期播种的冬小麦一般经历50~60天。从年前平均气温降至2℃以下开始到翌年平均气温回升到2℃左右时为止，一般称为小麦越冬期。冬小麦从出苗到越冬具有"三长一完成"的生育特点，即长叶、长根、长分蘖和完成春化阶段。此时期田间管理的调控目标：在适播期高质量播种，争取麦苗达到齐、匀、全，促弱控旺，促根增蘖，力促年前成大蘖和壮蘖，培育壮苗，为翌年多成穗、成大穗奠定良好基础，并协调好幼苗生长与养分储存的关系，确保麦苗安全越冬。

1. 查苗补苗，疏密补缺　小麦群体虽然具有一定的自动调节能力，但缺苗断垄仍对小麦产量影响很大。因此，在小麦刚出苗时，就要及时进行查苗补种。要求无漏播、无缺苗断垄。一般行内 15 cm 范围内无苗为缺苗，15 cm 以上行段无苗为断垄。为了使补种的种子早出土，可将补种的麦种在冷水中泡 24 小时后晾干播种，确保苗全、苗匀。若补种后仍有缺苗断垄，可在越冬前 20 ~ 30 天疏密补稀，移栽补苗。补栽时要做到"上不压心，下不露白"。栽后要浇水踏实，以利成活。

对播量大而苗多者或田间疙瘩苗，要采取疏苗措施，保证麦苗密度适宜，分布均匀。

2. 破除地面板结 播种后遇雨或浇"蒙头水"（播种后进行田面灌水）后，要及时破除地面板结，以利出苗。浇冻水过早的麦田要及时进行锄划，既可以锄草，又可以松土保墒，并可避免由于土壤干裂造成的冬季干寒风侵袭死苗。

3. 看苗分类管理

（1）弱苗管理 对因误期晚播，积温不足，苗小、根少、根短的弱苗，冬前只宜浅中耕，以松土、增温、保墒为主，促苗早发快长。冬前一般不宜追肥浇水，以免降低地温，影响幼苗生长。对整地粗放，地面高低不平，明、暗坷垃较多，土壤暄松，麦苗根系发育不良，生长缓慢或停止的麦田，应采取镇压、浇水、浇后浅中耕等措施来补救。对播种过深，麦苗瘦弱，叶片细长或迟迟不出苗的麦田，应采取镇压和浅中耕等措施以提墒保墒。对于因地力、墒情不足等造成的弱苗，要抓住冬前有利时机追肥浇水，一般每亩追施尿素 10 kg左右，并及时中耕松土，促根增蘖、促弱转壮。

（2）壮苗管理 对壮苗应以保为主，做好肥水及中耕管理，以防止其转弱或转旺。对肥力基础较差但底墒充足的麦田，可趁墒适量追施尿素等速效肥料，以防脱肥变黄，促苗一壮到底。对肥力、墒情均不足，只是由于适时早播、生长尚属正常的麦田，应及早施肥浇水，防止由壮变弱。对基肥足、墒情好，适时播种，生长正常的麦田，可采用划锄保墒的办法，促根壮蘖，灭除杂草，一般不宜追肥浇水。若出苗后长期干旱，可普浇一次分蘖盘根水；若麦苗长势不匀，可结合浇分蘖水点片追施尿素等速效肥料；若土壤不实，可浇水以踏实土壤，或进行镇压，以防止土壤空虚透风。

（3）**旺苗管理** 对于因土壤肥力基础较好、基肥用量大、墒情适宜、播期偏早而生长过旺，冬前群体有可能超过每亩100万株的麦田，应采取深中耕或镇压等措施，以控大蘖促小蘖，争取麦苗由旺转壮。对于地力并不肥，只是因播种量大，基本苗过多而造成的群体大，麦苗徒长，根系发育不良，且有旺长现象的麦田，可采取镇压并结合深中耕措施，以控制主茎和大蘖生长，控旺转壮。

4.冬灌管理 小麦越冬前适时冬灌是保苗安全越冬、早春防旱、防倒春寒的重要措施。对秸秆还田、旋耕播种、土壤悬空不实或缺墒的麦田必须进行冬灌。冬灌应注意掌握以下技术要点：

（1）**适时冬灌** 冬灌过早，气温过高，易导致麦苗过旺生长，且蒸发量大，入冬时失墒过多，起不到冬灌应有的作用。灌水过晚，温度太低，土壤冻结，水不易下渗，很可能造成积水结冰而死苗，对小麦根系发育及安全越冬不利。适时冬灌的时间一般在日平均气温7~8℃时开始，到0℃左右夜冻昼消时完成，即在立冬至小雪期间进行。

（2）**看墒看苗冬灌** 小麦是否需要冬灌，一要看墒情。凡冬前土壤含水量沙土地在15%左右，两合土在20%左右，黏土地在22%左右，地下水位高的麦田可以不冬灌；凡冬前土壤含水量低于田间持水量80%且有浇水条件的麦田，都应进行冬灌。二要看苗情。单株分蘖在1.5个以上的麦田，比较适宜冬灌。一般弱苗田特别是晚播的单根独苗田，最好不要冬灌，否则容易发生冻害。

（3）**按顺序冬灌** 一般是先灌渗水性差的黏土地、低洼地，后灌渗水性强、失墒快的沙土地；先灌底墒不足或表墒较差的二、三类麦田，后灌墒情较好、播种较早并有旺长趋势的麦田。

（4）**适量冬灌** 冬灌水量不可过大，以能浇透、当天渗完为宜，小水慢浇，切忌大水漫灌，以免造成地面积水，形成冰层，使麦苗窒息而死。

（5）**灌后划锄** 冬灌后的麦田，在墒情适宜时要及时划锄松土，以免地表板结干裂、透风伤根而造成黄苗、死苗。

（6）**追肥与冬灌** 对于基肥较足、地力较好的麦田，浇越冬水时一般不用追肥。但对于没施基肥或基肥用量不足、地力较差的麦田，或群、个体达不到壮苗标准（每亩群体在 50 万株以下，1 亩 ≈ 667 m²）的麦田，可结合浇越冬水追氮素肥料，一般每亩追施尿素 5 ~ 7.5 kg，以促苗升级转化。除氮肥外，基肥中没施磷肥、钾肥的麦田，还应在冬前追施磷肥、钾肥。

特别提示： 对于墒情较好的旺长麦田，可不浇越冬水，采取冬前镇压技术以控制地上部旺长，培育冬前壮苗，防止越冬期低温冻害。

5. 中耕镇压防旺长 每次降雨或浇水后要适时中耕保墒，破除板结，促根蘖健壮发育。小麦中耕，苗期一般进行 3 次，即分蘖始期 1 次，宜浅耕，以促根促蘖；年前分蘖盛期 1 次，可深锄 5 ~ 6 cm，控制群体；早春 1 次，宜浅锄，促进春发。

对群体过大过旺麦田，可采取深中耕断根或镇压措施，控旺转壮，保苗安全越冬。播种过早的旺苗，幼苗叶片细长，分蘖不足，主茎和部分大蘖冬前就进入二棱期。这类旺苗往往前旺后弱，冬季遇连续 5 小时 –10 ~ –8℃低温会冻伤，应适期镇压，以抑制麦苗主茎和大蘖生长，控制旺长。镇压宜选在晴天的早晨进行，有霜冻或露水未干时不能镇压，以免伤苗。镇压后及时划锄，浇越冬水，同时每亩施碳酸氢铵 10 ~ 15 kg。必要时喷施一次 0.2% ~ 0.3% 矮壮素溶液，以抑制旺长，防御冻害。通过镇压，促进低位分蘖早生快发，形成壮苗越冬。

6. 覆盖防冻

（1）**覆盖秸秆** 冬前在旱地小麦每亩行间撒施 300 ~ 400 kg 麦糠、碎麦秸或其他植物性废弃物，既保墒又防冻，这些东西腐烂后还可以改良土壤，培肥地力，是旱地小麦抗旱、防冻、增产的有效措施。

（2）**盖粪** 在小麦进入越冬期后，顺垄撒施一层粪肥，可以避风保墒，增温防冻，并为麦苗返青生长补充养分。盖粪的厚度以 3 ~ 4 cm 为宜；粪肥不足时，晚茬麦田、浅播麦田、沙地麦田以及播种弱冬性品种的麦田要优先盖。

（3）**壅土围根** 在越冬前麦苗即将停止生长时，结合划锄，壅土围根，可以有效防止小麦越冬期受冻；冻害严重的年份效果尤为明显，一般可增产 5% ~ 10%。

7. 搞好杂草冬治 杂草于冬前 11 月至 12 月上旬进行防除，因为此时田间杂草基本出齐（出土 80% ~ 90%），且草小（2 ~ 4 叶），抗药性差，小麦苗小（3 ~ 5 叶），遮蔽物少，暴露面积大，着药效果好，一次施药，基本全控。而且施药早间隔时间长，除草剂残留少，对后茬作物影响小，是化学除草的最佳时期。应于 11 月至 12 月上旬，日平均气温 10℃ 以上时及时防除麦田杂草。对野燕麦、看麦娘、黑麦草等禾本科杂草，每亩用 6.9% 精恶唑禾草灵水乳剂 60 ~ 70 mL 或 10% 精恶唑禾草灵乳油 30 ~ 40 mL，对水 30 kg 喷雾防治；对播娘蒿、荠菜、猪殃殃等阔叶类杂草，每亩可用 75% 苯磺隆干悬浮剂

1 ~ 1.8 g，或用 10% 苯磺隆可湿性粉剂 10 g，或用 20% 氯氟吡氧乙酸乳油 50 ~ 60 mL，对水 30 ~ 40 kg 喷雾防治。

8. 做好防治病虫工作　越冬前主要害虫是蝼蛄、金针虫、麦秆蝇、蚜虫等，多发性病害有锈病、白粉病、全蚀病等，要注意监测，控制发病中心，及时防治。

9. 严禁麦田放牧啃青　越冬期间保留下来的绿色叶片，返青后即可进行光合作用，它是小麦刚恢复生长时所需养分的主要来源。"牛羊吃叶猪拱根，小鸡专叨麦叶心。"畜禽啃麦，直接减少光合面积，严重影响干物质的生产与积累；啃青损伤植株，使其抗冻耐寒能力大大降低；啃去主茎或大蘖后，来春虽可再发小蘖并成穗，但分蘖成穗率明显下降，且啃青后的小蘖幼穗分化开始时间晚，历期短，最终导致穗小粒少，茎秆纤弱，易倒伏，且成熟期推迟，粒重大幅度下降。一般啃麦次数越多，减产越严重。因此，各级各类麦田均要加强冬前麦田管护，管好畜禽，杜绝畜禽啃青，以免影响小麦产量。

二、春季培管技术

小麦冬前苗情偏弱，春季田间管理应按照"以促为主、促控结合"的原则，因地制宜、因苗施策，搞好分类管理，促二、三类苗转化升级，增分蘖、促生根、保穗数，减少小花退化、增粒数。重点应采取以下几个方面的技术措施：

1. 及早镇压，保墒、增温促早发　春季镇压可压碎土块，弥封裂缝，使经过冬季冻融疏松的土壤表层沉实，使土壤与根系密接，有利于根系吸收养分，减少水分蒸发。因此，对于吊根苗和耕种粗放、坷垃较多、秸秆还田导致土壤暄松的地块，一定要在早春土壤化冻后进行镇压，沉实土壤，减少水分蒸发和避免冷空气侵入分蘖节附近冻伤麦苗；对没有浇水条件的旱地麦田，在土壤化冻后及时镇压，促使土壤下层水分向上移动，起到提墒、保墒、增温、抗旱的作用。早春镇压要和划锄结合起来，先压后锄，以达到上松下实、提墒保墒增温抗旱促早发的作用。

2. 适时进行化学除草，控制杂草危害　麦田除草最好在冬前进行，但受冬前干旱、降温较早等因素的影响，冬前化学除草面积相对较少。因此，适时搞好春季化学除草工作尤为重要。在北方，要在小麦返青初期及早化学除草，但要避开倒春寒天气，喷药前后3天内日平均气温在 6℃ 以上，日最低气温不能低于 0℃，白天喷药时气温要高于 10℃。针对麦田杂草群落结构，可选择如下除草剂：

双子叶杂草中，以播娘蒿、荠菜等为主的麦田，可选用双氟磺草胺、2 甲 4 氯钠、2,4- 滴异辛酯等药剂；以猪殃殃为主的麦田，可选用氯氟吡氧乙酸、双氟·氟氯酯、双氟·唑嘧胺等；对于以猪殃殃、荠菜、播娘蒿等阔叶杂草混生的麦田，建议选用复配制剂，如双氟·氟氯酯，或双氟·氯氟吡，或双氟·唑草酮等，可扩大杀草谱，提高防效。

单子叶杂草中，以雀麦为主的小麦田，可选用啶磺草胺 + 专用助剂，或氟唑磺隆，或甲基二磺隆 + 专用助剂等防治；以野燕麦为主的麦田，可选用炔草酯，或精噁唑禾草灵等防治；以节节麦为主的麦田，可选用甲基二磺隆 + 专用助剂等防治；以看麦娘、硬草为主的麦田可选用炔草酯，或精噁唑禾草灵等防治。

双子叶和单子叶杂草混合发生的麦田可用以上药剂混合进行茎叶喷雾防治，或者选用含有以上成分的复配制剂。要严格按照药剂推荐剂量喷施除草剂，避免随意增大剂量对小麦及后茬作物造成药害，禁止使用长残效除草剂如氯磺隆、甲磺隆等。

3. 肥水管理　　肥水管理要因地因苗制宜，突出分类指导。

（1）三类麦田　　三类麦田多属于晚播弱苗，春季田间管理应以促为主。尤其是"一根针"或"土里捂"麦田，要通过"早划锄、早追肥"等措施促进苗情转化升级。一般在早春表层土化冻 2 cm 时开始划锄，拔节前力争划锄 2~3 遍，增温促早发。同时，在早春土壤化冻后及早追施氮素化肥和磷肥，促根增蘖保穗数。只要墒情尚可，应尽量避免早春浇水，以免降低地温，影响土壤透气性等，导致麦苗生长发育延缓。待日平均气温稳定在 5℃时，三类苗可以同时施肥浇水，每亩施尿素 5~8 kg，促三类苗转化升级；到拔节期每亩再施尿素 8 kg，促进穗花发育，增加每穗粒数。

（2）二类麦田　　二类麦田属于弱苗和壮苗之间的过渡类型，春季田间管理的重点是促进春季分蘖的发生，巩固冬前分蘖，提高冬春分蘖的成穗率。一般在小麦起身期进行肥水管理，结合浇水亩追尿素 15 kg 左右。

（3）一类麦田　　一类麦田多属于壮苗麦田，在管理措施上要突出氮肥后移。对地力水平较高，群体茎蘖数每亩 70 万~80 万的一类麦田，要在小麦拔节中后期追肥浇水，以获得更高产量；对地力水平一般，群体茎蘖数每亩 60 万~70 万的一类麦田，要在小麦拔节初期进行肥水管理。一般结合浇水亩追尿素 15~20 kg。

（4）旺长麦田　　旺长麦田由于群体茎蘖数每亩较大，叶片细长，拔节期以后，容易造成田间郁闭、光照不良，从而招致倒伏。主要应采取以下管理措施：

一是镇压。返青期至起身期镇压可有效抑制分蘖增生和基部节间过度伸长，调节群体结构，提高小麦抗倒伏能力，是控旺转壮的重要技术措施。注意在上午霜冻消除、露水消失后再镇压。旺长严重地块可每隔一周左右镇压一次，共镇压 2~3 次。

二是因苗确定春季追肥浇水时间。对于年前植株营养体生长过旺，地力消耗过大，有"脱肥"现象的麦田，可在起身期追肥浇水，防止过旺苗转弱苗；对于没有出现脱肥现象的过旺麦田，早春不要急于施肥浇水，应在镇压的基础上，将追肥推迟到拔节后期，一般施肥量为亩追尿素 12~15 kg。

（5）旱地麦田　旱地麦田由于没有浇水条件，应在早春土壤化冻后抓紧进行镇压划锄、顶凌耙耱等，以提墒、保墒。弱苗麦田，可在土壤返浆后，借墒施入氮素化肥，促苗早发；一般壮苗麦田，应在小麦起身至拔节期间降雨后，抓紧借雨追肥。一般亩追施尿素 12 kg。对基肥没施磷肥的要在氮肥中配施磷酸二铵，促根下扎，提高抗旱能力。

4. 精准用药，绿色防控病虫害　返青拔节期是麦蜘蛛的危害盛期，也是纹枯病、茎基腐病、根腐病等根颈部病害的侵染扩展高峰期，要抓住这一多种病虫混合集中发生的关键时期，根据当地病虫发生情况，以主要病虫为目标，选用适宜的杀虫剂与杀菌剂混用，一次施药兼治多种病虫。要精准用药，尽量做到绿色防控。防治纹枯病、根腐病可每亩选用 250 g/L 丙环唑乳油 30~40 mL，或 300 g/L 苯醚·丙环唑乳油 20~30 mL，或 240 g/L 噻呋酰胺悬浮剂 20 mL，对水后喷小麦茎基部，间隔 10~15 天再喷一次；防治麦蜘蛛宜在 10：00 以前或 16：00 以后进行，每亩可用 5% 阿维菌素悬浮剂 4~8 g 或 4% 联苯菊酯微乳剂 30~50 mL。

5. 密切关注天气变化，防止早春冻害　早春冻害（倒春寒）是早春常发灾害。防止早春冻害最有效的措施是密切关注天气变化，在降温之前灌水。由于水的比热容比空气和土壤的比热容大，因此早春寒流到来之前浇水能使近地层空气中水汽增多，在发生凝结时，放出潜热，以减小地面温度的变幅。因此，有浇灌条件的地区，在寒潮来前浇水，可以调节近地面层小气候，对防御早春冻害有很好的效果。

小麦是具有分蘖特性的作物，早春冻害不会将麦田的分蘖全部冻死，另外还有小麦蘖芽可以长成分蘖成穗。只要加强管理，仍可获得好的收成。因此，若早春一旦发生冻害，就要及时进行补救。主要补救措施：一是抓紧时间，追施肥料。对遭受冻害的麦田，根据受害程度，抓紧时间，追施速效化肥，促苗早发，提高 2～4 级高位分蘖的成穗率。一般每亩追施尿素 10 kg 左右。二是及时适量浇水，促进小麦对氮素的吸收，平衡植株水分状况，使小分蘖尽快生长，增加有效分蘖数，弥补主茎损失。三是叶面喷施植物生长调节剂。小麦受冻后，及时叶面喷施植物细胞膜稳态剂、复硝酚钠等植物生长调节剂，可促进中、小分蘖的迅速生长和潜伏芽的快发，明显增加小麦成穗数和千粒重，显著增加冻害麦田小麦产量。

小麦返青期、起身期管理

一、小麦返青期、起身期的管理

在冬麦区，当春季天气回暖，温度升至 2~4℃及以上时，小麦即从越冬状态恢复生长；至返青时，麦田呈现明快的绿色。小麦返青也是小麦生长中的重要转折时期，冬前壮苗能否安全越冬，转为春季壮苗，并进而发育为壮株，是小麦能否高产的重要环节。返青期、起身期是提高成穗率，为穗数增多奠定基础的主要时期。其管理要点如下：

1.搂麦和压麦　搂麦（或锄麦）可以松土保墒，还能提高地温，促进根系发育。在大田生产中，是否搂麦，要根据具体条件来决定。对有旺长趋势的麦田可深搂，以抑制春季分蘖发生。如果冻水浇得适时、适量，经冬、春冻融作用后形成松散的表层，即可不必搂麦。若冻水浇得早，或秋、冬温度过高，土壤失水严重，地表干裂、板结时，应在早春及时耧麦，以便弥合裂缝，松土保墒。对这类麦田，也可在地表化冻 5 cm 左右时，在晴天的下午进行压麦，可以起到弥缝保墒作用。对有旺长趋势的麦田，早春压麦有抑制旺长、防止倒伏的积极作用。

2. 返青后中耕 小麦返青后对麦田进行中耕，可以增温保墒，消灭杂草，促进麦苗健壮生长。对弱苗或受冻的麦田，要浅中耕，防止伤根。对于旺长或有旺长趋势的麦田，应进行深耕断根，控制地上部生长，变旺为壮苗。对群体大、个体弱的假旺苗，一般不宜深中耕，可采取人工剔苗、横耙疏苗等措施，控制群体增长。

3. 返青期追肥 返青期追肥要根据苗情、地力等决定是否实施。

（1）弱苗 对于由各种原因引起的弱苗，返青期施肥对促其转壮和增加穗数是有利的。对于冻害严重的麦田、晚播麦田、脱肥发黄麦田和群体茎蘖数小的麦田要趁墒追肥，每亩施尿素 10 kg 或硝酸磷肥 18 kg，到拔节期再视苗情追施一次肥。对于施肥充足或已施用冬肥的麦田，则不能再施返青肥。追肥要注意土壤墒情，墒情不足的要结合浇水进行。

（2）旺苗和壮苗 对于在秋、冬已建立了适宜群体的壮苗和偏旺苗，只要不出现脱肥，返青期则不必施肥，以免造成群体茎蘖数过大。

4. 返青期浇水 是否浇返青水，应视墒情、地力、温度和苗情而定。土壤墒情适宜时，返青期一般不浇水，以免浇水后造成地面板结，降低地温而影响返青。对于未浇冻水或冻水浇得过早，越冬期间严重失墒，返青期 0 ~ 50 cm 土层的水分严重亏缺，特别是当分蘖节处于干土层而影响返青时，应及时浇返青水。浇水的时间应在 5 cm 平均地温稳定在5℃以上时进行，返青水浇得太早，有时会引起早春冻害。

5. 起身期（二棱期）肥水　由于二棱期肥水以保蘖增穗为主要目的，因此是否需要施用二棱期肥水，应以是否需要保蘖为主要衡量指标。

一是若年前群体茎蘖数适中或较大，基肥和地力充足，不施二棱肥也能确保要求的穗数时，则可以不施或减量施用二棱肥，以取其利避其害。

二是若冬前基本苗少，群体茎蘖数偏小，基肥少而又地力弱时，则应酌情施用，以确保穗数。

三是对于晚播麦田，在基本苗够数，基肥施用充足，而墒情又较好时，则不应施用二棱期肥水，以免延迟成熟，造成减产。

值得注意的是：单棱期肥水和二棱期肥水效应基本相同，需要施用时只择其一。若返青期不需补水，一般以二棱肥水为好。单棱肥和二棱肥的施肥量不宜过大，以能起到保蘖作用而在拔节前又不脱肥为原则。一般施肥量占全生育期总施肥量的1/4左右。若施肥量过大，常导致中上部叶片过大，基部节间过长，田间郁闭，穗数过多，而引起倒伏。

6. 病虫害防治　小麦返青后以纹枯病、白粉病等病害为主要防治对象，在小麦拔节前，用12.5%烯唑醇可湿性粉剂，每亩30 g，对水40 kg，重点喷洒小麦茎基部进行防治。对小麦蚜虫，可用4.5%氯氰菊酯乳油，每亩30 ~ 40 mL，对水40 kg喷雾防治。对红蜘蛛，可用1.8%阿维菌素乳油，每亩8 ~ 10 mL，对水40 kg喷雾防治。

7. 预防晚霜冻害　3月中旬至4月初常会出现程度较强的寒流天气，要密切注意天气变化，在寒流到来以前抓紧浇水平抑麦田地温，预防冻害发生。

8. 提前拔除杂草　起身期是区别野燕麦、大麦和杂株的关键时期。对一些种子繁殖田而言，要结合春灌拔除野燕麦、大麦和杂株等，提高小麦种子田纯度。

二、小麦返青期、起身期水肥管理注意事项

返青期、起身期水肥管理要避免三个误区。

1. "返青水越早浇越好，返青肥越早施越好"的误区　从返青开始（新年后发出第一片心叶）到拔节之前，历时约一个月，属苗期阶段的最后一个时期，这个时期的生长主要是生根、长叶和分蘖。在2月中上旬浇水施肥，容易发青苗而不发好苗。

正确方法：返青水肥应结合小麦的生长情况、田间持水量的多少进行施用，对于麦苗长势弱、单株分蘖少的麦田，要在返青期及时施肥浇水；对于麦苗土壤墒情和麦苗生长正常的麦田，春季施肥、灌溉可推迟到拔节末期进行。

2. "重施氮肥忽视磷肥、钾肥"的误区　氮肥过多，磷肥、钾肥不足会造成小麦无效分蘖增加，茎秆细弱，抗倒伏、抗寒、抗病能力下降，容易遭受春季倒春寒冻害，中后期病虫害加重，且易倒伏，影响小麦千粒重及产量的提高。

正确方法：应控制和减少氮肥投入，补施磷肥、钾肥，建议选用中氮低磷、钾配方的复合肥，以增强小麦整体抗性。

3. "用量越多越好，尤其是氮肥"的误区　有的农民追施返青氮肥过多，认为越多施越好，而不是根据土壤肥力水平和小麦产量水平来确定返青肥的施入量。还有的农民盲目效仿别人施肥，结果是小麦长势过旺，但产量低。

正确方法：返青期施肥对弱苗转壮和增加穗数有利，因而要对因地力不足等原因引起的弱苗及早施返青肥，最好在小麦抽生一叶时施入。但施肥充足或已施用冬肥的麦田就不能再施返青肥了。对在秋冬已形成壮苗的群体和偏旺苗，只要不表现出脱肥症状，返青期就不必施肥，防止群体过大。对年前已经苗情过旺（群体过大）的田块，应及时采取化学调控或在起身前深耕断根的措施防治过旺，并将施肥后浇水时间推迟到拔节后期甚至到旗叶露尖时。

小麦拔节期管理

一、调控小麦过早拔节

小麦遇到暖冬，容易引起前期旺长，从而过早拔节，导致后期倒伏。多年生产实践表明：无论小麦前期长得多好，如若遇上过早拔节和倒伏，都会造成不同程度的减产。

1. 过早拔节的害处　一是由于营养生长旺盛，叶面积系数过大消耗养分；二是由于茎秆脆弱造成倒伏；三是因为荫蔽严重遭受病害；四是降低小麦淀粉品质。

2. 预防过早拔节的措施

（1）改善根际环境，抑制无效分蘖　对于条播的小麦，当进入分蘖盛期后，要深中耕、勤中耕，一是可以切断一部分根系，减少对肥水的吸收；二是可以抑制新生分蘖；三是可以使无效分蘖死亡；

四是可以降低密度，增强通风透光性能。中耕深度要达 7~8 cm。

（2）增加压麦强度，控上促下生长　对于已经旺长的小麦，可用木磙或石磙对麦苗进行镇压，一般镇压 1~2 次，营养生长旺盛的镇压 3 次。一是可以保墒扎根；二是可以保温防冻；三是可以控上促下，缩短小麦茎秆第一、第二节间长度，促进茎秆苗壮，增强抗倒伏能力。

（3）区别不同苗情，分别酌情追肥　对于抓住时间、施足基肥以及前茬为棉花等施肥较足的小麦田，可以不追肥或少追肥，以防助苗旺长。对于播种较迟分蘖较少、个体发育不足的小麦，一是可以追分蘖肥，每亩施尿素 8 kg 左右；二是可以追拔节肥，每亩施碳酸氢铵 20~25 kg。

（4）科学化学调控，协调小麦平稳生长　为了防止小麦倒伏，要选用延缓型的植物生长调节剂，使小麦内源赤霉素的生物合成受阻，控制细胞伸长，但不抑制细胞分裂，控制营养生长，促进生殖生长，从而使小麦根系发达，节密叶厚，叶色深绿，增强抗倒伏能力。

对于长势较旺的麦苗，一是可以在小麦的拔节至孕穗期喷施甲哌鎓，每亩 25% 甲哌鎓水剂 10~20 mL 或 98% 甲哌鎓可湿性粉剂 2.5~5.0 g，对水 50 kg 施用；二是可以在小麦返青至拔节期，每亩用 20% 多唑·甲哌鎓乳油 25~30 mg，对水 25~30 kg 喷施；三是可以在小麦拔节前 10 天左右喷施 15% 多效唑可湿性粉剂，一般每亩 30~40 g，长势过旺的每亩 50 g，对水 30~40 kg 喷施；四是可以在小麦拔节初期，喷施 0.15%~0.3% 矮壮素溶液，每亩 50~70 kg。

在喷施以上化学调节剂时，要严格按照剂量施用，不重喷不漏喷，选择晴天午后喷施。一旦发现施用浓度过大对小麦产生抑制作用时，可喷施 0.01% 芸苔素内酯溶液或 50 mg/L 的赤霉酸解除药害。

二、预防小麦拔节初期基部节间过长

查看小麦基部第一、第二节间长度，正常情况下，随着气温回升，小麦节间从基部第一节到穗下节逐步加长，基部第一、第二节间一般在 3 cm 以下，如果基部第一、第二节间长度超过 4～5 cm，则为基部节间过长的拔节异常现象。

春季拔节初期，由于气温快速回升，小麦生长加快，基部第一、第二节间快速伸长，超过 4～5 cm，将会导致株高过高。株高超过 85 cm，后期遇到大风天气极易倒伏，造成小麦减产。

（1）**发生原因**　春季拔节初期，气温快速回升至 25℃以上，基部节间快速生长，造成基部节间过长。

（2）**预防措施**　春季拔节初期，如遇到气温回升过快的异常高温天气现象，要及时喷洒甲哌鎓等抑制生长的化学调控药剂，防止基部节间的快速生长。

三、预防小麦拔节期节间伸长异常

一般小麦地上部分有 5 个节间伸长，小麦节间伸长异常现象表现为：一是个别品种或有些年份出现 6 个节间伸长的现象，即分蘖节的最后一节也伸长表现为六节小麦，而较小的分蘖由于发育较晚，仍为 5 个节间伸长；二是个别春性品种或有些年份出现 4 个节间伸长的现象，即使有多个分蘖的小麦也都表现为 4 个节间伸长。

（1）**发生原因**　出现 6 个节间伸长情况的主要原因是春季小麦返青期气温回升较早较快，小麦分蘖节上的节间也开始伸长，造成伸长节间数增多。出现 4 个节间伸长情况的主要原因是春性品种总叶片（节数）较少，发育较快，返青期气温回升时只有 4 个节间可伸长生长。

（2）**预防措施** 茎生节间数的多少并不直接影响小麦的产量。但多数情况下，由于返青期气温回升快，拔节期气温高，会导致节间数增多，基部节间过长，因此要采取喷施甲哌鎓等措施，防止株高过高，后期倒伏。出现 4 个节间伸长对小麦生产无直接影响。

四、防止小麦拔节期植株狂长

（1）**拔节期植株狂长表现** 小麦在拔节阶段，各节间快速伸长，株高可达 90 cm 以上；秸秆细长、弯曲，叶片长而下披；单株分蘖多，大小分蘖"齐头并进"；麦田群体大，每亩总茎数超过 100 万，极易发生倒伏。

小麦拔节期查看分蘖两极分化情况，大小分蘖没有出现两极分化情况，即小分蘖不能较快萎缩死亡，与大分蘖一起生长，就会出现群体过大、植株狂长的现象。

（2）**发生原因** 土壤肥力高，施肥量过大，特别是小麦拔节期分蘖开始两极分化时，由于土壤水分充足、营养过剩，大小分蘖一起长，小分蘖没有得到有效控制，出现群体过大、植株狂长的现象。

（3）**预防措施** 在小麦拔节期分蘖开始两极分化时，要严格控制土壤水分和肥料供应；对土壤肥力高、群体大的麦田，控制土壤水分在田间持水量的 55% 以下，不能追肥，限制小分蘖继续生长，促进大小分蘖两极分化，保证麦田群体茎蘖数回归到每亩 45 万 ~ 50 万。

五、拔节期的管理技术

在小麦幼穗分化进入小花分化期（春三叶伸出）时，茎的基部伸长节间开始明显伸长活动，这种伸长活动叫作"生理拔节"。当第一伸长节间露出地面 1.5 ~ 2 cm 时，叫作"农学拔节"，也就是栽培上习惯讲的"拔节"。从雌蕊、雄蕊原基分化至药隔形成期都可以看作栽培上的拔节期。所以，拔节期管理又常称为药隔期管理。

1. 肥水管理　拔节期是小麦一生中肥水管理的重要时期。拔节期管理有利于提高小麦分蘖成穗率和穗粒数。因此，加强小麦拔节期肥水管理十分重要。

对于一类麦田，在拔节中期结合浇水，每亩可追高氮复混、复合肥（32-4-4、23-5-5）20 ~ 25 kg；对于起身期追过肥的二类麦田，拔节期不必追肥，根据墒情进行浇水；返青期追过肥的三类麦田，在拔节期后期进行第二次追肥，一般结合浇水，每亩可追高氮复混肥或复合肥 10 ~ 15 kg。

2. 预防倒春寒　小麦拔节后，抗寒能力明显下降，春季气候变化异常。因此，要密切关注天气变化，做好防冻、减灾工作。在寒流到来之前，采取普遍浇水、喷洒防冻剂等措施，预防晚霜冻害。一旦发生冻害，要及时采取浇水施肥等补救措施，促进麦苗尽快恢复生长。

3. 重视病虫害防治　小麦拔节期是多种病虫害发生的主要时期，要做好预测预报，若达到防治指标，应及早进行防治。要重点注意防治全蚀病、纹枯病、吸浆虫、红蜘蛛等病虫害。小麦色相异常原因主要是植物营养失调、病虫害和逆境危害。应学会"察颜观色"，从异常色相中辨别原因，并开展具有针对性的麦田管理。

小麦穗期管理

一、孕穗、抽穗期的麦田管理

小麦进入孕穗阶段，营养体和结实器官已基本形成，单位面积穗数和每穗小穗数、小花数也已基本形成，但此期麦田管理对小穗、小花结实率影响极大，影响每穗粒数，同时对后期建造高光效的群体也有很大影响。其田间管理技术要点如下。

1.保证水分供应 小麦拔节以后需要充足的水分供应。这时要求土壤干旱时应及时进行灌溉，否则可造成小穗不孕和小花不孕，使小麦穗粒数减少，产量大幅度下降。对于群体较大的麦田，注意不要在有大风的情况下浇水，以免浇水后由于大风而造成根倒。

但也不能盲目灌溉，应根据叶色和土壤墒情而定，否则易引起小麦渍害。故田间排水沟应沟直底平，沟沟相通，以使雨住田干，雨天排明水，晴天排暗水，可降低地下水位，改善土壤通气条件，为多雨环境下的小麦生长创造良好的土壤环境。小麦受渍后，根际呼吸受阻，引起烂根黄叶而早衰，同时渍害会引起病害，故应注意及时搞好清沟防（排）渍工作。

2. 酌情追肥 孕穗期是否追肥，要看地力和苗情。当小麦拔节群体发展不足、落黄过早、地瘦苗稀、有明显脱肥时，要早施重施拔节孕穗肥，充分供给养分，争取较多的分蘖变成有效穗。

拔节时群体适宜，起身拔节前茎蘖数较多，叶色正常褪淡，第一节间已经定长时，可酌情追施拔节孕穗肥。

对拔节时群体偏大、叶片浓绿披垂、生长过旺的麦田，孕穗肥无叶色褪淡现象，可以不施拔节孕穗肥，以防贪青晚熟而减产。

叶面喷硼可显著提高小麦产量 10% 以上。小麦对硼的敏感期为孕穗期和花期。孕穗期缺硼，影响雌蕊、雄蕊的正常发育。扬花受精受抑，空壳率增加，千粒重下降。在孕穗期和灌浆期各喷洒 1 次，每亩施用高纯磷酸二氢钾 100～200 g ＋ "硼源库" 15 g ＋ 尿素 100 g，对水 15 kg 均匀喷施。

3. 及早防治病虫害 小麦进入孕穗期后，容易发生病虫害。小麦孕穗期的病虫害主要有锈病、白粉病、纹枯病、红蜘蛛和吸浆虫等，要根据田间病虫害的发生危害程度及时进行防治。

4. 防止倒伏 小麦孕穗、抽穗后，由于植株高度增加，地上部重量增大，茎秆发育尚不充实等，在遇到不利天气条件或管理不当时，常易倒伏。为了防止过早发生倒伏，对群体过大的麦田，一要做到控制灌水量，二要做到大风时不浇水，尤其是喷灌条件下更应注意。

二、预防小麦抽穗异常

1. 抽穗异常表现　小麦抽穗期不能正常抽穗，表现为穗芒卡在旗叶叶鞘中，穗子畸形，形成"旗叶盖顶"现象。严重影响小麦正常抽穗、开花和灌浆过程。

2. 发生原因　主要是小麦孕穗期遇到低温冷害，旗叶叶鞘受到冷害不能正常展开，导致不能正常抽穗。

3. 预防措施　小麦抽穗期应保持土壤含水量在田间持水量的70%～75%，增加田间湿度，减轻低温危害；选用抗冻性较强或发育较快的小麦品种，避免遭受低温危害。

三、预防麦田穗层不齐

1. 穗层不齐表现　小麦抽穗后，麦田主茎与分蘖植株高矮不一，即会形成多层穗。一般抽穗后，上部与下部穗层相差 3～5 cm，即为两层或多层穗现象。

2. 发生原因　小麦个体生长发育进展快慢不一致，多为主茎与分蘖之间生长发育进程差异较大，一般主茎生长发育早植株高，而分蘖生长发育晚，植株矮，形成上层的主茎穗及下部的分蘖穗多个穗层，一般分蘖成穗多的麦田容易发生多层穗。

3. 预防措施　多层穗一般是基本苗少，单株成穗数多，低级分蘖与主茎发育进程差异大造成的，所以首先要保证适宜的播量，中、高产麦田，基本苗应为成穗数的 1/2 左右；其次要加强水肥调控，促进大分蘖成穗，控制小分蘖成穗，加快分蘖的两极分化进程，保证麦田具有合理的群体动态及大分蘖与主茎的均衡生长。

四、小麦抽穗扬花后的管理

小麦抽穗以后，田间的亩穗数已经固定，因此提高产量只有两种办法，一是增加穗粒数，即每个麦穗上的麦粒数量；二是提高粒重，即每颗麦粒的重量。以上两种办法（增加穗粒数、提高粒重）对于小麦的最终产量有着很重要的作用。

1. 防倒伏　小麦抽穗以后，要注意小麦的倒伏，小麦一旦出现倒伏后，对产量的影响是很大的。容易引起倒伏的因素有多种，比如连续的大雨天气，同时伴随着大风；另外一些病害也会加大小麦倒伏的概率，如根腐病等，如果遇到了大暴雨又有大风的天气，就会给预防增加更大难度。

2. 喷施叶面肥　喷施叶面肥的好处有多种：①能为小麦生长提供营养元素，尤其是一些中微量元素，利于粒重的增加；②增强叶片的功能，减少干热风的危害；③提高田间小麦灌浆的速率，有效增加粒重，促进小麦的高产。

3. 浇水　虽然抽穗以后浇水，容易造成倒伏的情况发生，但是，针对比较干旱的地块，还是需要通过浇水来促进小麦的正常生长。小麦在整个生育期中，从开花到成熟，对于水分的需求比较大，占整个生育期的20%～25%，如果抽穗以后，田间过于干旱，不仅会影响穗粒数，还会影响粒重，最终导致减产。

4. 除草　小麦抽穗以后，如果再施用除草剂，产生药害的概率会大大增加。另外，小麦长势比很多杂草要高，药液也不容易喷洒到杂草上。所以，这里说的除草，是在田间杂草过多的情况下进行的。有些田块，可能前期没有除草，或者除草效果不好，而抽穗以后，杂草过多过密，影响了小麦的正常生长，这时候需要人工拔草，以此来保证小麦的正常生长，提高最终的产量，此期是否除草需根据具体情况来定。

以上管理措施，对于增加穗粒数和提高粒重有着不错的效果，当然，在实际种植过程中也要根据具体情况具体选择。

五、预防小麦小穗不孕不结实

在小麦开花与籽粒形成期，基部小穗的小花不能开花结实，到灌浆成熟期出现多个不能结实的退化小穗，可视为小穗不孕不结实现象。

1. 小穗不孕不结实的田间表现　小麦灌浆成熟期穗基部有多个小穗表现出不孕，不能结实，严重影响小麦的产量提高。

2. 发生原因　小麦小穗发育进程的先后顺序是：从中部到上部，最后是下部。由于下部小穗发育较晚，生长势弱，当群体较大、穗数较多，养分供应不足时，发育最晚的基部小穗得不到养分的供应而退化。

3. 预防措施　严格控制麦田群体和穗数，保证小麦群体与土壤肥力、养分供应相适应；在小麦的小穗小花发育过程中，要加强水分管理，保证充足的养分供应，防止小穗小花退化。

小麦成熟期管理

一、麦田生长后期的田间管理技术

小麦生长后期包括开花、灌浆和成熟等生育时期，一般经历 35 天左右的时间，是小麦产量形成的关键时期。该期生育中心转向籽粒，营养器官逐渐衰亡，其主要田间管理要点如下：

1. 浇水　后期供水是争取粒重的决定性措施。

小麦籽粒形成期间，对水分的要求十分迫切，水分不足会导致籽粒退化，穗粒数降低，因此要及时浇好扬花水。

小麦扬花以后至多半仁开始，就进入灌浆阶段。进入灌浆以后，根系逐渐衰退，对环境条件适应能力减弱，要求有较平稳的地温和适宜的水汽比例，麦田含水量低于 65% 时，严重影响产量；高于 80% 时易引起贪青晚熟。一般以田间持水量 70% ~ 75% 为宜。因此，要适时浇好灌浆水，以防止根系衰退，达到以水养根、以根养叶、以叶保粒的作用。浇灌浆水的次数、水量，根据土质、墒情、苗情而定。在土壤保水性能好、底墒足、有贪青趋势的麦田，浇 1 次水或不浇；其他麦田，一般浇 1 次水。

生长后期又要防止雨水过多，土壤湿度大、透气性差，会引起根系早衰、叶片早枯、粒重下降，甚至烂根倒伏、青枯死苗等现象，应及早清沟降渍，沟深要达 20 cm 以上，做到沟沟相通，沟通河，雨过田干。

2. 补肥　小麦开花至成熟期间，要吸收全生育期需氮总量的 1/3 和需磷量的 2/5。后期供肥不足，会引起叶片和根系过早衰亡，降低粒重。因此，对于开花时表现脱肥而过早显黄的麦田，应采用叶面喷氮的方法予以补充，以便增花攻粒，减少小花退化，减少不孕小穗数，争取多增粒。叶面喷氮的方法如下：

（1）**喷洒次数**　根据人力、土壤肥力和苗情而定，若喷 2 次可在抽穗期和乳熟期各喷 1 次，喷 1 次则以乳熟期为宜。

（2）**喷洒时间**　最好在傍晚前，也可在上午露水下去后至 11：00 前以及 15：00 以后，喷后遇雨需补喷 1 次。

（3）**喷洒浓度**　喷施 1%~2% 的尿素溶液，或 3%~4% 的过磷酸钙溶液，或喷 500 倍磷酸二氢钾溶液 75~80 kg/ 亩。但一般叶面喷施以尿素溶液效果好，注意喷匀，防止烧叶。

3. **防治病虫草害**　小麦抽穗后经常发生黏虫、蚜虫、吸浆虫、飞虱、白粉病、锈病、赤霉病等病虫害，不仅直接消耗植株养分，而且严重损伤绿叶，造成光合物质生产率降低，严重影响产量，及时防治对提高粒重有积极意义。建议选用"一喷三防"配方施药技术。此外，还应及时拔除节节麦、野燕麦、雀麦等禾本科恶性杂草。

4. 防干热风　高温低湿伴随强风而形成的干热风是小麦发育后期的主要气象灾害，常导致正在乳熟的籽粒灌浆不足，提前枯熟，粒重下降，造成严重减产，品质下降。

5. 防止倒伏　麦子生长后期倒伏不仅严重影响产量，使品质下降，而且造成收获困难。生产中除采取清沟降渍、防病治虫外，还可喷施高效叶面肥，保持秆青叶绿。在全穗即将抽出时，每亩用 40% 健壮素 40 mL，对水 50 kg 喷雾，抑制穗下节间伸长，增强抗倒伏能力。

二、预防小麦出现空穗现象

1. 天气异常　在小麦种植区，如果小麦拔节孕穗期或扬花期遇到"倒春寒"天气，小麦遭受冻害或冷害，使小麦授粉受阻，不利于小麦灌浆，易形成空穗；小麦授粉期间，遇到连续阴雨或者大风天气，也会造成小麦授粉不良，使小麦空穗增多；小麦扬花期或者灌浆期遇到"干热风"天气，可使小麦花败育或者灌浆受阻，导致小麦空穗。

预防措施：建议在小麦进入拔节期后要密切关注天气变化，这期间可补喷一些硼肥和磷酸二氢钾，或者 0.136% 赤·吲乙·芸苔（碧护）等，促进授粉，提高小麦抵抗力。

2. 种子问题　一些小麦种子在种植年数过多后陈旧，小麦的抵抗力变差，很容易出现空穗。

预防措施：建议小麦种子在种植 2～3 年后就要选择新的种子。选用抗逆能力强、适合当地种植的小麦品种。

3. 化肥和农药施用不当　种植小麦时如果化肥施用不当也会导致小麦空穗现象的出现，小麦在抽穗以后要尽量减少氮肥的使用，否则不但导致小麦花的败育或开花推迟，而且造成小麦贪青晚熟。

另外，一些杀虫剂和除草剂使用不当也会导致花的败育，小麦也可能会出现空穗。

预防措施：在使用化肥、农药时一定要合理。

4.病虫害防治不及时　小麦穗期发生的一些病虫害，如果防治不及时，会造成空穗，虫害有小麦白粉虱、吸浆虫等，病害有小麦颖枯病和小麦白粉病等，严重时会导致小麦减产甚至绝收。

以小麦吸浆虫为例，它是小麦作物主要害虫之一，其幼虫以小麦籽粒中的浆液为食，每年在春天气温升高之时危害小麦生长，如不及时防治，将会造成小麦颗粒干瘪、空穗，没有产量。

预防措施：及时采取预防措施，发现病虫害要及时防治。

5.缺硼、钙肥，或缺磷、钾肥等营养元素　小麦花粉的发育和小麦花的受精过程需要硼和钙，缺硼和钙就会导致花的败育，形成空穗，建议在小麦抽穗期到灌浆期补充硼肥和钙肥，可以喷施硼砂和螯合钙。

小麦灌浆期缺磷或缺钾也会因为影响灌浆而造成空穗，建议农户在此期间喷施磷酸二氢钾 2~3 次。

小麦空穗现象的原因主要有以上 5 种，要正确分析小麦空穗形成的原因，并采取科学、合理、有效的防治措施，方能获得理想产量。

三、预防小麦后期早衰

小麦后期早衰，是指小麦灌浆期叶片、茎秆发黄，根系死亡，植株提前枯死，比正常小麦明显提前成熟，籽粒干瘪，千粒重明显减低的现象。

1. 早衰原因

（1）**管理不当**　如肥水运筹不当，造成前期群体过大，个体发育不良，后期土壤养分耗竭，上部叶片功能期缩短，则植株易早衰。如稻茬麦田因土壤含水量高，质地黏重，耕作层浅，拔节以后发生的上层根少，则引起早衰。

（2）**渍害**　渍水导致土壤缺氧，根系呼吸、吸收功能衰退，地上部叶绿素降解，光合能力下降，物质合成与积累减少。不仅如此，不同时期小麦对渍水的反应差异很大，随生育进程的推进，小麦耐渍能力逐渐下降，故农谚有"寸麦不怕尺水，尺麦怕寸水"之说。若拔节孕穗期受渍，功能叶内蛋白质下降，同时，根系发育不良，引起早衰。

（3）**干旱胁迫**　土壤干旱或大气干旱易造成植株根系吸水困难或体内失水过多，使水分平衡遭到破坏，正常的生理代谢受抑制。尤其是小麦生育后期，气温高，土壤蒸发及植株蒸腾量很大，若土壤严重干旱，根系不能从土壤中吸收水分，造成植株萎蔫，籽粒灌浆不能正常进行，灌浆速度下降，千粒重降低，严重时小麦死亡，灌浆期大大缩短，产量大幅度下降。

（4）**盐碱危害**　盐碱地的特点就是旱、碱、薄、板，使小麦发育晚，长势弱。到小麦生育后期，盐碱地小麦往往受旱、碱胁迫，绿叶面积急剧下降，一般花后25天，叶片大部分枯黄，导致小麦不能正常成熟，灌浆骤然停止。籽粒灌浆期比一般麦田缩短5~7天。

（5）**脱肥**　基肥不足，追肥不及时，植株营养跟不上，易出现早衰。在旱薄地，因土壤营养缺乏，小麦光合等生理过程受到影响，尤其是小麦生育后期，营养更显匮乏，使植株因供应养分不足早衰，灌浆期缩短，粒重下降。

（6）**病虫害** 小麦生育后期尤其是高产田块常发生病虫害，一般有白粉病、锈病、赤霉病、叶枯病、蚜虫、小麦黏虫等危害，如果不能及时进行防治或防治不力，就会造成小麦病虫害大发生、大流行，也往往导致小麦早衰，使粒重下降。

2. 预防措施

（1）**施足基肥** 增施有机肥，实行秸秆还田，不断培肥地力，同时结合深耕细作，改善土壤理化性状，并做到氮、磷、钾配比合理，保证小麦稳健生长，防止早衰。一般亩产 300～400 kg 的小麦，每亩要施农家肥 3 000 kg，纯氮 10～12 kg，五氧化二磷 6～8 kg。钾肥要视土壤中速效钾含量而定，一般土壤中速效钾含量不足 100 mg/kg 的，要给予补充，每亩可施用氯化钾 10～12 kg。基肥用量一般占总施肥量的 70%～80%。

施肥方法：有机肥与磷、钾化肥以及氮素化肥用量的 2/3 全部用作基肥，氮素化肥用量的 1/3 用作拔节肥。

（2）**适期适量追肥** 小麦生育后期，仍需要一定的氮、磷、钾营养元素，而此时，采用土壤施肥比较困难，并且根系吸收能力减弱，对肥料的利用率低。叶面喷肥，植株吸收快，肥料利用率高，一般可达 90% 以上。

叶面追肥，主要在小麦灌浆初期，喷施 0.2%～0.3% 磷酸二氢钾溶液，1%～2% 尿素溶液，1%～2% 过磷酸钙溶液，5% 草木灰水或植物生长调节剂等，可保根、护叶，延长上中叶片的功能期，保证叶片正常落黄及碳水化合物向穗部籽粒运转，防止叶片早衰。

（3）**防旱防渍** 灌浆水对延缓小麦后期衰老、提高粒重有重要作用。一般应在小麦开花后 10 天左右浇灌浆水，以后视天气状况再浇水。春季多雨时段，要注意清沟沥水，做到雨止田干，开好畦沟、腰沟、地头沟，排除"三水"（地面水、潜层水、地下水）的危害。

（4）及时防治病虫害　应建立健全麦田病虫害防御体系，搞好病虫害的预测预报及综合防治工作。

（5）适时收获　在蜡熟末期收获最佳。

四、预防小麦贪青晚熟

1.小麦贪青晚熟表现　小麦成熟期茎叶仍保持浓绿，籽粒含水量较高，成熟期明显推迟。小麦晚熟极易遇到后期灾害性天气，直接影响灌浆过程，造成减产。

2.贪青晚熟原因　一是品种冬性较强，生育期较长，在当地小麦正常成熟期不能完成生育过程。二是施肥不当引起的，尤其与拔节肥的施用有较大关系。增施拔节肥，可保证后期有充足的营养，增加穗粒数和千粒重，提高产量。而如果拔节肥施用过多，就会引起小麦贪青晚熟。

3.预防措施　选用与当地气候生态条件相适应的品种类型，一般北部冬麦区选用冬性、半冬性小麦品种，黄淮冬麦区选用半冬性、春性小麦品种，长江中下游冬麦区选用春性小麦品种。

根据土壤肥力条件合理施肥，拔节肥的用量，占总施肥量的15%~20%，每亩施尿素5~8 kg，如果未追施提苗肥可增加到30%左右，每亩施尿素10~12.5 kg。施用时间掌握在叶色出现正常褪淡、总茎蘖数开始下降时，如叶色浓绿未退、分蘖又未开始下降，就要推迟施或少施拔节肥。而对于地力不高、苗情不旺的田块，拔节肥用量可适当增加。

第二章

大田小麦土肥水管理技术

大田小麦土壤管理

一、预防麦田土壤酸化

1. 麦田土壤酸化后的田间表现 表现为土壤板结，部分土壤表面出现红色颗粒。小麦苗期植株矮小，分蘖少，群体过小，田间裸露。进入小麦拔节期后，整体生长参差不齐，断垄严重；不间断性地出现小麦叶片干枯、慢死；下部叶片黄化，植株生长迟缓并逐渐死亡；根系弯曲卷缩、发黄，呈铁锈色，活力差，难以下扎；植株矮小，分蘖少，整体偏低；成熟期小麦成穗数低，植株瘦小。

2. 发生原因 土壤酸化严重，0 ~ 20 cm 表层土壤 pH 平均 5.0（4.5 ~ 5.5）左右，20 ~ 40 cm 亚表层土壤 pH 比表层高 0.62；土壤酸化状态下土壤磷活性增强，土壤有效磷偏高，表层土壤有效磷更高，严重影响小麦正常生长。

一般要通过取土测定表层土壤 pH，如表层土壤 pH 在 5.5 以下，小麦生长较弱，表现出上述症状，即为土壤酸化危害。

3. 预防措施　深耕深翻，减轻表土层酸化程度。注意减少化学氮肥投入，特别是注意减少"双氯"肥料投入。增加有机肥投入和秸秆粉碎深耕还田。对已出现酸化土壤的增加土壤调理剂施用。如发现问题尽早防治，避免造成严重后果。

二、预防麦田土壤湿板和盐害

1. 麦田土壤湿板和盐害在生产上的表现　麦苗根系生长慢、数量少，根粗而短，吸收能力弱，分蘖出生慢，并往往伴有脱肥症；盐碱危害重的地块，常出现成片的紫红色的"小老苗"，幼苗基部 1～2 片叶黄化干枯，严重时，幼苗点片枯死，植株细小和缺株断垄，甚至大面积死亡，有的因高浓度盐碱而诱导缺磷，出现紫红色小老苗。

2. 发生原因　土壤湿度过高，造成土壤通气不良，影响根系呼吸作用。土壤容重过高（通常高于 1.5），影响根系生长和下扎。土壤含盐量高于 0.3%，由于渗透压过高，造成作物"生理干旱"。

3. 预防措施　挖沟排水降低地下水位。用淡水洗盐，客土（好土）压盐。注意平整土地，合理耕翻，秸秆覆盖，防止高处聚盐。适时播种，避开地表积盐返盐高峰季节。注意增施有机肥改良土壤结构，增施磷肥提高植物耐盐能力。注意补施中、微量元素。

大田小麦施肥管理

一、小麦施基肥管理

1. 基肥的作用　基肥是小麦播种或定植前，结合土壤耕作施用的肥料。基肥的作用首先在于提高土壤供肥水平，使植株氮素水平提高，增强分蘖能力；其次是调整生育期的养分供应状况，使土壤在小麦各个生育阶段都能为小麦提供各种养料。

2. 基肥的种类　基肥以有机肥、磷肥、钾肥和微肥为主，以速效氮肥为辅。圈肥、人粪尿、土杂肥等有机肥具有肥源广、成本低、养分全、肥效缓、有机质含量高、能改良土壤理化特性等优点，对各类土壤和不同作物都有良好的增产作用。因此，基肥施用应坚持增施有机肥，并与化肥搭配使用的原则。适宜作基肥的化学肥料有：

（1）氮肥　碳酸氢铵、尿素、硫酸铵、氯化铵等，目前以尿素为主，其他几种氮肥用得很少，如硫酸铵、氯化铵，目前生产上已很少见。

（2）**磷肥**　过磷酸钙、钙镁磷肥、重过磷酸钙等。目前以过磷酸钙应用比较普遍。重过磷酸钙养分含量高，应用效果也很好。

（3）**钾肥**　硫酸钾、氯化钾。在小麦上两种钾肥都可应用。

（4）**复合肥**　分为二元复合肥和三元复合肥，同时含两种营养元素的称为二元复合肥，如磷酸二铵、磷酸一铵、硝酸磷肥等（硝酸磷肥由于氮素易流失，在降雨较多、地下水位较高地区不宜作基肥）。含3种营养元素的称为三元复合肥。目前用量较大的是不同厂家生产的复混肥。

3. **基肥的用量**　基肥施用量要根据土壤基础肥力和产量水平而定。一般麦田每亩施优质有机肥 5 000 kg 以上，纯氮 13 ~ 15 kg（折合碳酸氢铵 75 ~ 85 kg，或尿素 28 ~ 30 kg）、五氧化二磷 6 ~ 8 kg（折合过磷酸钙 50 ~ 60 kg，或磷酸二铵 20 ~ 22 kg）、氧化钾 9 ~ 11 kg（折合氯化钾 18 ~ 22.5 kg）、硫酸锌 1 ~ 1.5 kg（隔年施用）。推广应用腐殖酸生态肥和有机无机复合肥，或每亩施三元复合肥 50 kg。大量小麦肥料试验证明，土壤基础肥力较低和中低产水平麦田，要适当加大基肥施用量，速效氮肥基肥与追肥的比例以 7∶3 为宜；土壤基础肥力较高和高产水平麦田，要适当减少基肥施用量，速效氮肥基肥与追肥的比例以 6∶4（或 5∶5）为宜。

4. **基肥的施用技术**　小麦基肥施用技术有将基肥撒施于地表面后立即耕翻和将基肥施于垡沟内边施肥边耕翻等方法。

（1）**结合深耕施肥**　对于土壤质地偏黏、保肥性能强，又无灌水条件的麦田，可将全部肥料一次性作基肥施用，俗称"一炮轰"，即施用时将肥料施入整个耕层，使其充分与耕层土壤混合，扩大肥料与根系的接触面。在瘠薄地可适当浅施，也可结合耕翻分层施用，将迟效性肥料施入耕层中、下部或整个耕层，结合耕地把速效性肥料施到耕层的上部，以利于不同时期根系的吸收。

（2）**集中施肥**　用开沟条施的方法施用基肥，在肥料较少的情况下可采用此法。可将磷肥与优质有机肥料混合堆沤后集中施用，以防止磷被土壤固定，进而提高肥效。

（3）**微肥可作基肥**　在土壤有效锌低于 0.5 mg/kg 时，可隔年施用锌肥，每亩施硫酸锌 1 kg 左右。也可拌种，用锌肥、锰肥拌种时，每千克种子用硫酸锌 2~6 g，硫酸锰 0.5~1 g，拌种后随即播种。作基肥时，由于用量少，很难撒施均匀，可将其与细土掺和后撒施地表，随耕入土。

（4）**磷肥与农家肥混合或堆沤后使用**　可以减少磷肥与土壤接触，防止水溶性磷的固定，利于小麦的吸收。

（5）**增施钾肥**　土壤速效钾低于 50 mg/kg 时，每亩施氯化钾 5~10 kg。盐碱地最好施硫酸钾。

5. *存在的问题*　长期以来，农民认为农家肥堆头大、运输难、施用不便、劲头小、肥效慢，普遍存在着重施化肥、轻施农家有机肥的倾向。

有的农户长期习惯在小麦播种施用磷肥、钾肥的同时，每亩施用碳酸氢铵 80~100 kg 或尿素 40~50 kg，这种施用方法会造成一些不良后果：

一是降低了化肥的利用率。碳酸氢铵、尿素施用过多，土壤难以吸附保存，作物也难以一时吸收完全，遇雨会溶化下渗，导致肥料流失浪费。

二是会降低小麦的抗寒能力。氮肥施得过多，会加速小麦叶片的抽生和快长，导致小麦体内的碳氮比例失调，使作物体内含碳化合物减少，麦苗疯长，抗寒性差，易遭受冻害死苗。

三是会降低小麦的抗旱、抗倒伏能力。氮肥过多施在土壤耕作层里，小麦根系就会就近吸收，导致根系不再向下生长和深扎，这样根系短浅就降低了小麦的抗旱和抗倒伏能力。

四是影响发芽和出苗。氮肥过多，容易撒施不匀，最易出现肥害，轻则影响发芽和出苗，重则引起烧种、烧根而缺苗断垄，导致小麦基本苗不足。

五是可能造成土壤板结。

6. 基肥施用过量的处理办法　基肥施用过量，麦苗出土后长势过旺，分蘖多，叶片宽大，田间郁闭严重。当麦田主茎长出 5 片叶时，在小麦行间深锄 5 ～ 7 cm，切断部分次生根，控制养分吸收，减少分蘖，培育壮苗。

二、小麦施种肥管理

1. 种肥的作用　种肥是在小麦播种时与种子混播的肥料。其目的是保证小麦出苗后能及时吸收到养分，对增加小麦冬前分蘖和次生根的生长均有良好的作用。小麦种肥在基肥用量不足、贫瘠土壤和晚播麦田上应用，其增产效果更为显著。种肥的施用效果取决于土壤、施肥水平、肥料种类、栽培技术等。因为肥料与种子相距较近，故对肥料种类、质量要把握好，否则容易引起烧种、烂种，造成缺苗断垄。

2. 种肥的种类与用量　用于种肥的肥料一般是易被作物幼苗吸收利用的速效性肥料，要求为理化性质比较稳定，对种子发芽及幼苗生长无毒副作用的速效性肥料。而过酸、过碱、吸湿性强、含有毒副成分的肥料不宜作种肥。常用的种肥和施用技术有以下几种：

（1）**硫酸铵**　硫酸铵的吸湿性小，易溶解，适量施用对种子萌发和幼苗生长无不良影响，最适合作小麦种肥。硫酸铵可直接与小麦种子混播，每亩 3 ~ 4 kg，或按种子重量的 50% 与麦种干拌均匀后混合播种。

（2）**钙镁磷肥**　不潮解，不结块，对种子没有腐蚀性，施入土壤后，不易流失，易被土壤溶液中的酸和作物根系分泌的酸逐渐分解，被作物吸收利用。宜作小麦种肥，每亩 5 ~ 10 kg，可以拌种施用。

（3）**磷酸二铵**　磷酸二铵是以磷为主的氮、磷二元复合肥，每亩用 2.5 ~ 3 kg，条施于播种沟内。

（4）**磷酸二氢钾**　用作种肥，可以改善小麦苗期的磷、钾营养，促进根系下扎，有利于苗全、苗壮。施用方法：一是拌种，用磷酸二氢钾 500 g，对水 5 kg，溶解后拌麦种 50 kg，拌匀堆闷 6 小时播种；二是浸种，将选好的麦种放入 0.5% 磷酸二氢钾溶液中浸泡 6 小时，捞出晾干后播种。

（5）**硫酸钾**　在缺钾的土壤上，可用硫酸钾作种肥。硫酸钾施入土壤后，钾离子可被作物直接吸收利用。每亩用量为 1.5 ~ 2.5 kg。要注意，硫酸钾的肥分含量高，不能与种子接触，以免烧幼苗。要控制好用量，以肥料与种子相距 3 ~ 5 cm 为佳。

（6）**硫酸锌**　在缺锌地区施用硫酸锌，可使小麦增产 10% ~ 18%。拌种施用时，用硫酸锌 50 g 溶于适量水中，拌麦种 50 kg，拌匀堆闷 4 小时，晾干后播种。浸种施用时，将选好的麦种放入 0.05% 硫酸锌溶液中浸泡 12 ~ 24 小时，捞出晾干播种。

（7）**硼砂**　在缺硼地区施用。拌种用硼砂 10 g，溶于 5 kg 水中，拌麦种 50 kg。浸种时将选好的麦种放入 0.03% 硼砂溶液中浸泡 10

小时。

（8）**硫酸锰**　在缺锰地区，播种时，每千克麦种用硫酸锰4~6 g拌匀。

（9）**硫酸铜**　按种子重量的0.2%用硫酸铜拌种，拌匀后堆闷15小时播种。

（10）**钼酸铵**　在缺钼地区，每千克麦种用钼酸铵2~6 g，拌种前先用40℃的温水将钼酸铵溶解，将选好的麦种放入0.05%~0.1%钼酸铵溶液中浸泡12小时。

此外，充分腐熟的厩肥、牛羊粪、猪粪、鸡粪、兔粪等，压碎过筛后，均可以作种肥施用，可与小麦种子拌和后施用。

3. 不宜作种肥的肥料

（1）**对种子有腐蚀作用的肥料**　碳酸氢铵具有吸湿性、腐蚀性和挥发性。过磷酸钙易溶解，但大多集中在施肥点0.5 cm范围内，含有游离酸，具有腐蚀性，易吸湿结块，施入土壤后，易被土壤化学固定而降低磷的有效性。用这些化肥作种肥，对小麦种子发芽和幼苗生长产生严重危害。如必须用这些化肥作种肥，应避免与种子直接接触，可将碳酸氢铵在播种沟下与种子相隔一定距离的土层内使用；过磷酸钙用作种肥时，必须选优质品、特级品，不能接触种子。条施每亩用过磷酸钙5~7.5 kg，与5~10倍腐熟的有机肥混匀，顺着播种沟条施在种子下方或侧下方2~3 cm处。拌种每亩用过磷酸钙3~5 kg，先与1~2倍细干的有机肥料拌匀，再与浸泡后阴干的麦种放在一起搅拌，随拌随播。

（2）**对种子有毒害作用的肥料**　尿素因其含氮量较高，在农业生产中使用率较高。但因其含有缩二脲，会对种子和幼苗产生毒害作用。另外游离状态的尿素分子也会渗入种子的蛋白质结构中，使蛋白质变性，降低种子发芽出苗率。

（3）含有有害离子的肥料　施入土壤后氯化铵、氯化钾等化肥中的氯离子，产生水溶性的氯化物，对小麦种子发芽、生根和幼苗生长极为不利。另外，硝酸铵和硝酸钾等肥料中的硝酸根离子，对小麦种子的发芽也有一定的影响，因而不宜作种肥施用。

4. 种肥的施用方法　施用种肥可根据肥料的种类确定适宜的方法，速效性氮肥、磷肥一般可采用与种子混播，或者肥、种分次播，即将肥料先施于种子下方，然后再播种。微肥一般可采用拌种、浸种等方法。

三、小麦追肥管理

追肥是在作物生长期间进行施肥，其目的是补充基肥施用不足，且满足作物生长发育期间对养分的需要，特别是为了满足作物营养最大效率期对养分的需求，是小麦获得高产的重要措施。追肥的化肥品种主要是性质较稳定的速效氮肥，其用量一般占总施肥量的90% 以上（旱薄地除外）。在基施磷肥、钾肥不足的田块，也应尽早进行追肥，以提高肥料利用率。小麦不同时期的追肥方法如下。

1. 苗期追肥　苗期追肥简称"苗肥"，一般是在出苗的分蘖初期，占总用肥量的20%。每亩追施碳酸氢铵 5 ~ 10 kg，或尿素 3 ~ 5 kg，或少量的人粪尿。其作用是促进苗匀、苗壮，增加冬前分蘖，特别是对于基本苗不足的麦田或晚播麦，丘陵旱薄地和养分分解慢的泥田、湿田等低产土壤，早施苗肥效果好。但是对于基肥和种肥比较充足的麦田，苗期也可以不追肥。

2. 越冬期追肥　越冬期追肥也叫"腊肥"，由于复种指数高，种麦前来不及施足有机肥作基肥，再者小麦分蘖期是一个吸氮高峰期，一般都要重施腊肥，以促根、壮蘖，弥补基肥不足。

南方和长江流域都有重施腊肥的习惯。腊肥是以施用半速效性和迟效性农家肥为主，对于三类苗应以施用速效性肥料为主，以促进长根分蘖，长成壮苗，促使三类苗迅速转化、升级。

对于北方冬麦区，播种较晚、个体长势差、分蘖少的三类苗，分蘖初期没有追肥的，一般都要采取春肥冬施的措施，结合浇冻水追肥，可在小雪前后施氮肥，每亩施碳酸氢铵 5～10 kg，或尿素3～5 kg，对于施过苗肥的可以不施腊肥。小麦进入越冬期后，可将马粪等暖性肥料撒在麦田，起到保温增肥的作用。

3. 返青期追肥　返青期追肥，其肥效体现在分蘖高峰前，主要是增加春季分蘖，巩固冬前分蘖，相应增加亩穗数。此时追肥有利于弱苗转壮，对于肥力较差、基肥不足，播种迟，冬前分蘖少、生长较弱的麦田，应早追或重追返青肥，主要追施氮素化肥，每亩施碳酸氢铵 15 ～ 20 kg 或尿素 5 ～ 10 kg，过磷酸钙 9 ～ 10 kg，应深施 6 cm 以上。

对于磷肥、钾肥施用不足或严重缺乏的麦田，要在小麦返青时及时施用，一次施足。

对于基肥充足、冬前蘖壮蘖足的麦田一般不宜追返青肥，应蹲苗，防止封垄过早，造成田间郁闭和倒伏。

4. 起身期追肥　起身期追肥的作用效果在春季分蘖高峰之后，能提高小麦的有效蘖和成穗率，促进旗叶及倒二叶的增大，为建立合理的群体结构和促进穗部性状的发育奠定基础。起身肥水要因地因苗合理施用。对于生长发育良好的中高产田要重施起身肥水；有旺长趋势的麦田应于起身后期追肥浇水。此期的追肥量一般占氮素化肥总用量的 60% ~ 70%，可根据地力和苗情灵活掌握。对于已追返青肥的麦田，此期不再追肥。

5. 拔节期追肥　拔节肥是在冬小麦分蘖高峰后施用，促进大蘖成穗，提高成穗率，促进穗部性状转化和小花分化，争取穗大粒多。施肥量和施肥时间要根据苗情、墒情和群体发展而定。通常将拔节期麦苗生长情况分为三种类型，并采用相应的追肥和管理措施。

（1）过旺苗　叶形如猪耳朵，叶色黑绿，叶片肥宽柔软，向下披垂，分蘖很多，有郁闭现象。对这类苗不宜追施氮肥，且应控制浇水。

（2）壮苗　叶形如驴耳朵，叶较长而色青绿，叶尖微斜，分蘖适中。对这类麦苗可施少量氮肥，每亩施碳酸氢铵 10 ~ 15 kg 或尿素 3 ~ 5 kg，配合施用磷钾肥，每亩施过磷酸钙 5 ~ 10 kg、氯化钾 3 ~ 5 kg，并配合浇水。

（3）弱苗　叶形如马耳朵，叶色黄绿，叶片狭小直立，分蘖很少，表现缺肥。对这类麦苗应在拔节前期追施，多施速效性氮肥，每亩施碳酸氢铵 20 ~ 40 kg 或尿素 10 ~ 15 kg。

土壤微量元素缺乏的地区或地块，在小麦返青期至拔节期之间，喷施 2 ~ 3 次微肥、稀土等，有较明显的增产效果。

6. 孕穗期追肥　孕穗期主要是施氮肥，用量少。一般每亩施碳酸氢铵 5 ~ 10 kg 或尿素 3 ~ 5 kg。

7. 后期施肥　小麦抽穗以后仍需要一定的氮、磷、钾等元素。这时小麦根系老化，吸收能力减弱。因此，一般采用根外追肥的办法。

抽穗到乳熟期叶色发黄，有脱肥早衰现象的麦田，可以喷施 1% ~ 2% 尿素，每亩喷溶液 50 L 左右。对叶色浓绿、有贪青晚熟趋势的麦田，每亩可喷施 0.2% 磷酸二氢钾溶液 50 L。第一次喷施在灌浆初期，7 天后第二次喷施。在小麦生长后期喷施黄腐酸、核苷酸、氨基酸等生长调节剂和微量元素，对提高小麦产量可起到一定作用。

四、春小麦施肥技术

春小麦和冬小麦在生长发育方面有很大区别，春小麦特点是早春播种，生长期短，从播种到成熟仅 100～120 天。春小麦主要分布在东北、西北等地。春小麦产量 500 kg/亩的田块，每生产 100 kg 籽粒需纯氮 2.5～3.0 kg、五氧化二磷 0.78～1.17 kg、氧化钾 1.9～4.2 kg。氮、磷、钾比例为 2.8∶1∶3.15。春小麦对氮、磷、钾吸收有两个高峰期：第一个为拔节至孕穗期，第二个为开花至乳熟期，前者对氮、磷、钾的吸收比后者略高。对磷吸收率从出苗至乳熟期一直是上升的，从拔节期开始剧增，到乳熟期达到最高值。根据春小麦生育规律和营养特点，应重施基肥和早施追肥。

1. 基肥　由于春小麦在早春土壤刚化冻 5～7 cm 时，顶凌播种，地温很低，应特别重施基肥。基肥每亩施用农家肥 2 000～4 000 kg、碳酸氢铵 25～40 kg、过磷酸钙 30～40 kg。春小麦施基肥以秋翻、春耙两次施肥效果最好，秋翻施一次基肥次之，春耙前施肥最差。

2. 种肥　由于肥料集中在种子附近，小麦发芽长根后即可利用，其具体方法是在播种前进行土地平整做成畦以后，按预定行距开沟，再于沟内撒肥、播种、覆土、镇压。如果地干时，可先播种、踏实，然后再撒肥、覆土，镇压。一般每亩施碳酸氢铵 10 kg，过磷酸钙 15～25 kg，与优质农家肥 100 kg 混合施用，或者施二元氮磷复合肥 10～20 kg。

近年来，春小麦产区用一次性施肥法，全部肥料用作基肥和种肥。一般在施足农家肥的基础上，每亩施氨水 40~50 kg 或碳酸氢铵 40 kg 左右，过磷酸钙 50 kg。播种时，结合施少量种肥，每亩施磷酸二铵 5~8 kg，以后不施追肥。这一方法适用于旱地。

3. 追肥　春小麦是属于"胎里富"的作物，发育较早，多数品种在三叶期就开始生长锥的伸长并进行穗轴分化。四叶期开始幼穗分化，要求较多的养分。

因此，第一次追肥应在三叶期或三叶一心时进行。这次肥称为分蘖肥，要重施，大约占追肥量的 2/3。每亩施尿素 15~20 kg，主要是提高分蘖成穗率，促壮苗早发，为穗大粒多奠定基础。

拔节期进行的第二次追肥，称为拔节肥，一般轻施，大约占追施量的 1/3，每亩施尿素 7~10 kg。在未追施分蘖肥的地块，应早施、重施拔节肥。孕穗期酌量施保花增粒肥。绝大部分麦田施了拔节肥后，就不再施肥了，主要进行叶面施肥，与冬小麦相同。

五、冬小麦开春返青期看苗施肥技术

开春后冬小麦进入返青阶段，从返青至挑旗的这段时间为春季生长阶段，一般历时 50~60 天，是产量形成的关键时期。小麦返青后生长转旺，吸收养分也逐渐增多，因此追施拔节孕穗肥是当务之急。

春季麦田施肥，应在增施有机肥的基础上，合理施用化肥，提高肥料利用率，减少土壤污染。一般高产田控氮、稳磷、增钾、补微；中产田稳氮、增磷，针对性补施钾肥。

从小麦的生理学角度来讲，返青到起身这个阶段，植株继续分蘖、出叶和发根，并且开始幼穗分化，是巩固冬前壮苗、争取弱苗转壮、抑制旺苗生长最有利的时期。所以，根据不同类型的麦田，采用不同的施肥措施,是非常必要的。看苗施肥可用三个字来概括:保、促、控。

1. 保　年前越冬时已达到六叶一心的、有四五个分蘖的、亩总茎已达 80 万左右、植株健壮、叶色正常、不发黄的一类麦田,返青后不要马上施肥浇水,以防生长过旺,消耗过多的营养,不利于后期高产。这类麦田,应采取划锄、除草、防治病虫害等措施,以保证年前有效分蘖安全生长,有利于提高小麦成穗率,为后期小麦高产打下良好的基础。

田间措施以"保"为主,到小麦拔节期前后,再施肥浇水,即氮素后移施肥法,有利于小麦高产。

2. 促　年前小麦种植过晚,肥力条件差、底肥不足的麦田;越冬时麦苗矮小、分蘖很少的麦田;返青时植株弱、叶发黄,亩总茎数低于 40 万的三类麦田;或秸秆还田没有浇越冬水,土壤疏松透气、水分蒸发强烈、土壤干旱,出现吊根现象的麦田,要及时浇返青水,施返青肥。

此类麦田肥料的施用应注意几点。第一,不要施用或少施用有机肥料。俗话说:"圈肥养地,化肥催苗。"由于初春温度低,农家肥分解缓慢,不能满足小麦对养分的需要。第二,应施速效化学肥料,因为化肥肥效快,能及时满足小麦生长发育的需要,每亩可以施尿素 10～15 kg,浇好返青水。在此基础上,可喷施一遍叶面肥,促发新根、抗寒、抗旱、抗病,有利于小麦弱苗转壮苗。第三,施肥时还应关注到一些高产田块中的弱苗,要施点"偏心"肥,使整个地块的长势达到一致,有利于小麦增产。

3. 控　年前播种过早,播种量过大,出现了旺长的小麦,由于过早封垄出现叶披散、叶片过大过薄的现象,返青后,要对它们采取以"控"为主的措施，多划锄，尽量不浇水，蹲苗。此外，还应密切注意是否有冻害，如有冻害，应采取相应的措施。

六、小麦追施拔节孕穗肥技术

"雨水"节气后，气温快速回升，小麦进入返青拔节期，是管理关键期。拔节孕穗期是决定小麦成穗率和结实率，夺取壮秆大穗的关键期，也是小麦第二个需肥高峰期，需肥量一般占总需肥量的50%左右。科学追施拔节肥，可保证小麦生长需要，形成大穗，增加粒数，一般每穗可增加3~4粒，亩增产50 kg左右。

1. 掌握追施时间　对于群体适宜、长势正常的麦田，宜在3月中下旬，即小麦基部第一节间定长（5~7 cm）、叶色转淡、小分蘖死亡时追施拔节肥。

对播种晚、冬前生长不足、个体不壮的晚弱苗麦田及叶片发黄、受冻较重的麦田，在3月上中旬及早追肥，能有效增加粒数，对争取春季分蘖成穗、保证每亩有足够的穗数也有一定作用。

早春追施过返青肥的田块，应根据苗情推迟拔节肥的追施时间，一般可在4月上旬追肥。

2. 把握追肥数量与方法　小麦拔节肥施用量一般亩追施尿素8~10 kg，前期磷钾肥施用较少田块应每亩追施高浓度三元复合或复混肥10~15 kg，加尿素5~8 kg为宜。趁雨或结合灌溉撒施肥料。施过返青肥推迟追肥的每亩用尿素3~5 kg。

3. 防冻害　小麦拔节期一般寒潮天气发生比较频繁，冻害程度往往因为发生时期和小麦的生育进程有所不同。因此，在寒潮发生前如遇到天气干旱，土壤墒情不足，应及时灌溉增加土壤墒情。或开展叶面喷肥,并结合每亩追施3~5 kg尿素,加快小麦的恢复生长。

七、小麦扬花至灌浆期喷施叶面肥技术

小麦扬花后是进入产量形成的关键时期,在扬花至灌浆期抓喷叶面肥可有效提高产量和品质。

1. 适宜叶面喷施的肥料

(1)**磷酸二氢钾** 磷酸二氢钾对于促进小麦灌浆,预防干热风很有帮助,能够有效提高千粒重,增产效果显著。磷酸二氢钾可以减轻小麦的蒸腾作用,增加叶面组织的含水率,增强作物抵抗干热风和旱情的能力。还能减轻病虫危害,使小麦落黄好。喷洒高纯磷酸二氢钾可使小麦叶面的叶绿素增加,促进干物质积累量、单穗粒数、千粒重、淀粉和含糖量增加,提高结实率。在干热风危害严重年,增产提质效果更加显著。扬花期、灌浆期,各喷洒1次,每亩施用200 g高纯磷酸二氢钾,对水30 kg喷施。或每亩用99.5%多维磷酸二氢钾100 g,对水30 kg均匀喷雾,间隔1周1次,连喷2~3次。

(2)**草木灰浸出液** 取未经雨淋的新鲜草木灰5~10 kg,加入100 kg清水充分搅拌,浸泡12~14小时,取其澄清液喷施,如加入2%过磷酸钙浸出液混喷效果更好。一般间隔7~10天喷1次,连喷2~3次,不但能增加养分,促进籽粒饱满,且具有良好的抗病防虫、防倒伏作用。

(3)**沼液** 将经过厌氧发酵45天以上的沼液从沼气池水压间压取出,停放2~3天后用纯沼液喷施,亩用量30 kg,气温高时加入适量清水稀释后再喷,以免蒸发快造成浓度增大而烧伤叶片。一般7~10天喷施1次,连喷3次以上,可起到壮秆防倒伏、增加产量、

提高品质、抗病防虫的良好作用。

（4）**硼肥**　对小麦花粉形成及受精有良好作用，能提高结实率，避免出现小麦不孕症，达到良好的增产效果。小麦缺硼，雄蕊发育不正常，花药偏少，造成散粉少、不能散粉、花粉畸形或有时无花粉，导致空粒穗，结实率低。小麦扬花期，进入补硼高峰期，巧施"硼源库"，亩用 30 g，对水 30 kg，保花增粒，可增产 20%。

（5）**尿素**　施用尿素主要针对肥力不够、叶色偏黄的小麦田，这种田块一般会出现早衰现象，叶面喷施尿素能够有效提升叶片功能，提高千粒重，尿素每亩施用一般为 100 ~ 200 g。

2. 看苗喷施

（1）**叶色偏黄的小麦田**　抽穗期、灌浆期喷施一次尿素 + 磷酸二氢钾 + 硼肥 + 锌肥，由于是超常浓度喷雾，建议使用食品级磷酸二氢钾（磷钾源库），配方是每亩用尿素 50 ~ 100 g+ "磷钾源库" 100 g+ "硼源库" 15 g+ 螯合锌 10 g，对水 15 ~ 20 kg 喷施。

喷施硼、锌肥可增强小麦抗逆性、提高结实率，扬花期、灌浆期，加入 0.1% "硼源库" 和乙二胺四乙酸（EDTA）螯合锌溶液，可明显增强小麦的抗逆性，并提高灌浆速度和籽粒饱满度。

（2）**正常的小麦田**　配方是："磷钾源库" 100 g+ "硼源库" 15 g+ 螯合锌 10 g（不加尿素，"磷钾源库" 可以适当增加），对水 15 ~ 20 kg 喷施，每亩喷药液 30 ~ 40 kg。

扬花灌浆期正值小麦 "一喷三防" 进行期，可以加入杀虫杀菌剂结合进行。如果有条件，还可以加入芸苔素内酯和有机硅，起到增效的作用。

（3）**"一喷三防"**　10% 吡虫啉可湿性粉剂 20 g+2.5% 高效氯氟氰菊酯水乳剂 80 mL+45% 戊唑醇·咪鲜胺 25 g+ "磷钾源库" 100 g+

芸苔素内酯 8 mL+ "硼源库" 15 g，对水 15 kg，在抽穗期、灌浆期各喷施一次。此混配溶液可同时防治蚜虫、赤霉病、白粉病，兼治吸浆虫、锈病、叶枯病，增强小麦的抗逆性，对抗干热风。

3. 注意事项 喷雾时力求均匀，以叶片湿润不滴水为好。时间以9：00 前、16：00 后为宜，尤以 16:00 ~ 17:00 效果最好。对脱肥重、墒情差的麦田，或喷肥期出现干热风时，要酌情增加喷肥次数。有病虫发生的麦田，可在肥液中适当加入农药兼治。扬花期喷肥要错开 9：00 ~ 11：00 和 15：00 ~ 18：00 两个扬花高峰期，否则花粉管会因吸水而胀裂，影响受精结实，导致减产。

草木灰必须充分浸泡，让有效成分完全溶于水中才能发挥其增产效果，切忌随泡随用。

喷肥后 12 小时内如遇降雨，天晴后应补喷。

对于麦田杂草，特别是野燕麦、大麦及植株较大的杂草，与小麦争水争肥，收获时其种子混入麦子中，影响小麦的商品性，所以一定要除去，但这个时期已不适合化学防治，只能进行人工拔除。

八、晚播小麦施肥技术

11 月中旬以后播种的小麦为晚播麦。因播种晚，难以达到苗全、苗壮、苗匀，不易获得高产。但是如果施肥得当，高产也是完全有可能的。

1. 施足基肥 晚播小麦从播种到出苗需 10 ~ 15 天，这就缩短了冬前生长时间，同时麦苗容易因在土壤中生长时间过长而致弱。所以晚播麦必须施足基肥，每亩施优质农家肥 300 kg、小麦专用基肥 30 ~ 40 kg，以满足小麦冬前、冬后生长发育需要。

2. 早施提苗肥　每亩施用尿素（或高氮复合肥）40～50 kg。

3. 追施腊肥　为防止小麦遭受冻害，每亩用优质圈肥 2 000～3 000 kg，同时增施尿素 10～15 kg，均匀施入麦田。

4. 巧施返青肥　开春后，除每亩施用高氮、磷、钾肥 10 kg 外，用氨基酸或腐殖酸叶面肥（如农都乐）每亩 250 g 喷施。

5. 重施拔节、孕穗肥　每亩施尿素 20 kg、钾肥 5～10 kg，其他微量元素肥可结合菌毒清、吡虫啉等防病治虫药剂一起叶面喷施。

6. 根外追肥　生长期内，每亩用农都乐有机活性液肥 100～150 mL，对水 50 kg 于 10：00 前或 16：00 后喷施，以利于增产。

大田小麦水分管理

一、小麦灌水技术

　　良好的灌水技术，应使灌溉田块受水均匀，不产生地面流失、深层渗漏及土壤结构破坏等情况，从而达到合理、经济用水的目的。小麦灌水方法主要有畦灌、沟灌和喷灌。

　　1. 畦灌　在平整土地的基础上，修筑土埂，将麦田分隔成若干个长方形或方形小畦。灌水时，引水入畦，水在田面上以连续水层沿畦田坡度方向移动，湿润土层。一般畦面坡度以 0.1% ~ 0.3% 最为适宜。畦田规格主要取决于水源、土壤性质、地面坡度等。土壤透水性强、地面坡度小、土地不够平整时，畦宜短。反之，则可稍长。渠灌区水量较大，以畦长 30 ~ 70 m、畦宽 2 ~ 4 m 为宜；井灌区水量较小，一般畦长 20 ~ 30 m，宽 1.0 ~ 1.5 m。畦埂高度一般为 25～30 cm，底宽 30～35 cm。为了使灌水均匀，还应控制入畦流量（即流入畦内的水量，一般以每秒若干升表示），也可用单宽流量（即每米畦宽所通过的流量）表示，灌时掌握好适宜流量非常重要，采取适宜的流量，才可以做到地表不受冲刷，畦面首尾受水均匀，根系活动层内土壤湿度相近。单宽流量过大时，水在畦内流动过快，容易发生上冲下淤，畦首受水不足、畦尾渗水量偏大，灌水不均的现象；流量过小，会出现畦首渗水深、畦层渗水浅，甚至出现计划水量浇完，畦尾仍灌不上水的现象。一般在地面坡度为 0.3% 的黏土或壤土地，畦长 40～50 m 的情况下，单宽流量为每秒 3～4 L 即可。一般沙土地入畦流量可大些。畦灌还须注意改畦时间。坡度小及初浇麦田，单宽流量可稍大些。当水即将流到畦尾时，改浇下一畦，以便在改畦后水仍可流到畦层。如果麦田土壤紧实或坡度较大，则单宽流量可以小些，当水流到畦长的 70%～80% 时，即可改畦。如此既可使水浇到畦尾，又可避免积水浸出畦外。

2. 沟灌　常用于地势较平的平原地区及稻麦两熟地区。采取沟灌遇旱既能灌水，遇涝又可利用沟来排水。稻麦两熟区的沟灌是利用畦沟或垄沟引水灌溉。水集中在沟内借土壤毛细管作用向两侧浸润，这种方法不仅比畦灌省水，而且可减少表土板结。沟灌须在每块田的四周开挖输水沟，灌水沟与输水沟垂直，输水沟稍深于灌水沟，便于排水。

3. 喷灌　即喷洒灌溉，它是借助一套专门设备（如动力、水泵、输水管和喷头等），将水喷到空中，散成细小的水滴，均匀地落在田间，如同降雨对小麦进行灌溉。

（1）主要优点　省水。喷灌基本上不产生深层渗漏和地面径流的问题，灌水比较均匀，一般较地面灌溉可节约水量 30%～50%，不仅节约了灌溉用水，且可扩大灌溉面积；喷洒水点小，很少破坏土壤结构；不必修埂打畦，可以减少渠道占地面积，提高土地利用率，在地形不太平整的地区或坡地丘陵山区或水源不足地区，更能发挥其优越性。

（2）**主要缺点** 喷灌也有一定的局限性。易受风力影响，一般在 3~4 级以上大风时，灌溉均匀度降低；空气湿度过低时，水滴未落到地面之前，在空中的蒸发损失较大；只有表土湿润，深层土壤湿润不够，影响小麦根系深扎，难以抗御严重干旱；在高产田后期喷灌时，容易造成倒伏。在具体运用时，要注意克服这些缺点。

（3）**喷灌方式** 喷灌有固定、半固定和移动三种形式。固定式喷灌设备投资高，但操作方便，灌溉效率高；半固定式是动力、水泵和干管固定，喷头和支管可以移动，设备投资比固定式少；移动式喷灌机设备简单，使用灵活，投资少，但管理的劳动强度较大。

二、麦田灌溉技术

1. 北方麦区灌溉技术

北方地区年降水量分布不均衡，小麦生育期间降水量只占全年降水量的 25%~40%，仅能满足小麦全生育期耗水量的 1/5~1/3，尤其在小麦拔节至灌浆中后期的耗水高峰期，正值春旱缺雨季节，土壤储水消耗大。因此，北方麦区小麦整个生育期间土壤水分含量变化大，灌水与降水效应显著，小麦生育期间的灌溉是十分必需的。麦田灌溉技术主要涉及灌水量、灌溉时期和灌溉方式。小麦灌水量与灌溉时期主要根据小麦需水、土壤墒情、气候、苗情等确定。

（1）**灌水总量** 按水分平衡法来确定，即：

灌水总量＝小麦一生耗水量－播前土壤储水量－生育期降水

量 + 收获期土壤储水量。

（2）**灌溉时期** 根据小麦不同生育时期对土壤水分的要求不同（表 2-1）来确定，一般出苗至返青，要求为田间持水量的 75% ~ 80%，低于 55% 则出苗困难，低于 35% 则不能出苗。

拔节至抽穗阶段，营养生长与生殖生长同时进行，器官大量形成，气温上升较快，对水分反应极为敏感，该期适宜水分应为田间持水量的 70% ~ 90%，低于 60% 时会引起分蘖成穗与穗粒数的下降，对产量影响很大。

开花至成熟期，宜保持土壤水分不低于田间持水量的 70%，有利于灌浆增重；若低于 70% 易造成干旱逼熟，粒重降低。为了维持土壤的适宜水分，应及时灌水。

一般生产中年补充灌溉 4 ~ 5 次（底墒水、越冬水、拔节水、孕穗水、灌浆水），每次灌水量 40 ~ 50 m³/ 亩。从北方水分资源贫乏和经济高效生产考虑，一般灌溉方式均采用节水灌溉。节水灌溉是在最大限度地利用自然降水资源的条件下，实行关键期定额补充灌溉的方式。根据各地试验，一般孕穗水较为关键。另外，在水源奇缺的地区，应用喷灌、滴灌、地膜覆盖管灌等技术，节水效果更好。

表 2-1　冬小麦各生育期的适宜土壤水分（占田间持水量的百分数）

项目	出苗	分蘖至越冬	返青	拔节	抽穗	灌浆至成熟
适宜范围 /%	75~80	60~80	70~85	70~90	75~90	70~85
显著受影响的土壤水分含量 /%	60 以上、90 以下	55 以下	60 以下	65 以下	70 以下	65 以下
土层深度 /m	0.4	0.4	0.6	0.6	0.8	0.8

2. 南方麦区灌溉技术　南方小麦生育期降水较多，除由于阶段性干旱需要灌水外，一般春夏之交的连阴雨，往往出现"三水"（地面水、潜层水、地下水），易发生麦田涝渍害，一直是该地区小麦产量的制约因素，因此还必须实施麦田排水。

麦田排涝防渍的主要措施有：一要做好麦田排涝防渍的基础工作，做到明沟除涝、暗沟防渍，降低麦田"三水"；二要健全麦田"三沟"配套系统，要求沟沟相通，依次加深，主沟通河，达到既能排出地面水、潜层水，又能降低地下水位的要求；三要改良土壤，增施有机肥，增加土壤孔隙度和通透性；四要培育壮苗，提高麦田抗涝渍能力；五要选用早熟耐渍的品种及沿江水网地区麦田连片种植。

三、节水灌溉技术

1. 冬小麦节水灌溉技术

（1）**播前进行储蓄灌溉**　为满足小麦生长期的水分需要，小麦播前应采用灌水定额的灌溉方法。研究发现，当土壤灌水深度达到 50～200 cm 时，有利于小麦根系下扎，增加深层根系比例，形成粗苗壮苗。灌水定额方法使小麦在生育期间不仅可利用土壤进行深层蓄水，而且也减少了因频繁灌溉而造成的大量土壤蒸发。

（2）**小麦关键期灌水**　小麦在不同时期对水的需求量也有所区别，根据这一特点采用关键期灌水的方法是一项有效的节水措施。

如果冬前墒情较好，采取灌拔节水和孕穗水的方法效果最好；如果冬前墒情不好，采用灌越冬水和孕穗水的方法效果较为明显。因此在水资源较为短缺的情况下，保证小麦关键时期用水，是提高水分利用率，实现高产、高效的重要措施。

（3）**硬化水渠，减少渗漏** 通过平整土地可以达到节水的效果，实践证明，土地平整可提高灌水效率 30%~50%，节约用水量 50% 以上。为提高灌水质量还可对骨干水渠加设防渗设施，努力做到滴水归田。

（4）**采用先进的灌溉技术** 由于我国水资源短缺，现有储水量很难满足小麦的生长需要。在此情况下采用的喷灌、滴灌、渗灌及管道灌溉等先进的灌水技术，成为节水的有效手段之一。研究发现，喷灌比地面灌溉节水 20%~40%；渗灌比畦灌节水 40%；滴灌可比畦灌省水 3/4~5/6。此外，先进的灌溉技术一般不会导致土壤板结及养分淋溶，有利于土壤水、肥、气、热的协调作用和微生物的活动，促进养分转化，从而提高小麦产量。

（5）**灌溉与其他农艺措施相结合** 在麦田完成灌水后，应及时采取中耕松土、地膜覆盖等蓄水保墒措施。不仅可以防止水分蒸发，提高水分利用效率，还可以达到节水的目的。

2. 春小麦节水灌溉技术

（1）**早期早浇一次水** 小麦起身拔节期的灌水，对提高小麦产量起着至关重要的作用。在土壤墒情适宜的情况下，春季第一次浇水宜推迟至拔节初期，以控制春季无效分蘖过多滋生和茎基部第一至第二节间的伸长，并结合浇水进行施肥；对地力较高、苗情偏旺地块，此次灌水可适当延迟到拔节末期进行；对地力较差、苗情偏弱的地块，春季第一次水可提前至起身期进行。

（2）**中后期适时浇水** 小麦孕穗期以后的灌水，能防止小花退化、增加穗粒数，同时也可使籽粒蛋白质含量增加，提高面筋数量和质量。在小麦生育中后期，应在挑旗孕穗期至抽穗扬花期结合浇水补施少量肥料，但此期灌水不可过晚，一般不晚于灌浆期。

（3）后期合理控制浇水 小麦乳熟至收割阶段，要适当控制其灌水次数，可提高籽粒的光泽度和角质度，明显减少"黑胚"现象，提高籽粒蛋白质含量，延长面团稳定时间。所以从产量、品质同步优化考虑，在小麦生育后期，应适当控制浇水次数。

四、浇水技术

1. 冬小麦浇冻水的方法

（1）冬小麦浇冻水的前提条件 一是看地、看墒、看苗情。为了小麦在返青时能保持适宜的土壤含水量，一般土壤墒情不足，5～20 cm 土壤含水量沙土地低于 16%，壤土低于 18%，黏土地低于 20% 都应冬灌。高于上述指标，土壤墒情较好，可以缓灌或不灌。二是根据田间小麦出苗率来决定。如果已出苗 90% 以上，就没多大问题，想浇水就可以浇水了，如果有缺苗现象，可以从其他地方补苗。三是麦苗长势好、底墒足或稍旺的田块，可适当晚浇或不浇，防止群体过旺、过大。对播种稍晚的晚茬冬小麦，因冬前生长时间短，叶、根较少，苗小且弱，分蘖少或无，为争取有效积温促进麦苗生长发育，只要底墒尚好，也可不浇，但要及时锄地保墒，以促根壮苗增蘖。

（2）冬小麦浇冻水的作用 一是对于秸秆还田质量不好的麦田，并且在小麦播种后没有进行镇压，最好浇冻水。二是可起到加速作物秸秆腐烂的作用，同时促进微生物活动、加速肥料养分的分解转化，为小麦年后生长发育提供更多的养分。三是小麦浇冻水，并不只是为了给土壤提供水分，更是为了踏实土壤、促进小麦盘根和大蘖发育，保证麦苗安全越冬。四是具有冬水春用的作用，可有效保证春天小麦返青后及时得到水的供给。五是可以踏实土壤，冻融风化坷垃，弥补裂缝。六是对盐碱地起到压碱保苗和减轻土壤发生盐碱化作用。七是提高土壤的导热性，可有效地缩小田间温度变幅，防止因温度剧烈升降造成冻害死苗。

（3）**浇灌冻水的方法**　合理确定浇灌冻水的时间，浇水时间以"夜冻昼消"最为适宜，一般在11月下旬小雪前后，日平均气温掌握在7~8℃时开始，到4~5℃时结束。浇灌过早气温偏高，蒸发量大，不能起到保温增墒的作用，长势较好的麦田，还会因水肥充足引起麦苗徒长，严重的引起冬前拔节，易造成冻害；浇灌过晚，温度偏低，水分不易下渗，形成积水，地表冻结，冬灌后植株容易受冻害死苗。

应选择在9：00~16：00进行，灌水量不宜过大，以能浇透当天渗完为宜，切忌大水漫灌，地面积水，结成冻层。浇后应及时镇压划锄，防止地面干裂，透风伤根，造成死苗。

浇灌冻水要看墒情、看苗情。为了小麦在返青时能保持适宜的土壤含水量，一般土壤墒情不足，耕层土壤含水量沙土地低于16%，壤土地含水量低于18%，黏土地低于20%时都应冬灌。高于上述指标，土壤墒情较好，可以缓灌或不灌。对叶少、根少、没有分蘖或分蘖很少的弱苗麦田，尤其是晚播苗不宜进行冬灌；对于群体大、长势旺的麦田，如墒情好，可推迟冬灌或不冬灌。底墒好、充足的麦田可不浇越冬水。

灌水要适量。冬灌时间以上午灌水，入夜前渗完为宜。一般亩灌水量45~50 m³，灌水时水量不宜过大。对于缺肥麦田可结合冬灌追肥，冬灌每亩补施尿素5~8 kg。浇水后要及时进行锄划保墒，提高地温，防止土壤板结干裂透风，保证小麦安全越冬。

浇冻水后及时锄划、搂麦。待地里能进人时，及时锄划搂麦，破除板结，防止地面裂缝，并可除草保墒。上促苗壮，下促根系发育。

（4）浇水后的突发状况 有些小麦田会出现一种怪现象，一浇水就有一种虫子露出地面，它食性杂，除小麦田发生之外，西瓜、菠菜、生菜、甘蓝、韭菜、大蒜田亦有发生，而且，危害比小麦严重。这种虫子就是瓦矛夜蛾的幼虫，也叫"黑纹地老虎"，是近年来新发生的一种鳞翅目害虫。

该虫昼伏夜出，夜间出土觅食，如果遇浇水便爬到植株上部，或转移到邻近未浇水的地块内。灌水前很难查到虫体，且田间植株被害症状不明显。一般在麦田灌水后爬至小麦植株上或周边蔬菜上咬食叶片，除了小麦，它对各种果蔬菜都有极大危害。

此种情况下，可以用高效氯氟氰菊酯＋三唑类杀菌剂＋多种微量元素＋多种温和型调节剂等一喷多防，以达到防病、促进增产的效果。

2. 小麦返青期浇水方法 春节之后，冬小麦陆续进入返青期。有灌溉条件的田块，要因时浇水保苗，落实中耕划锄等措施，推广喷灌、滴灌、垄灌、隔垄交替灌等节水灌溉技术；无灌溉条件的地块采取中耕培土、化控增湿等措施，提高作物抗旱能力，减少干旱影响。浇返青水要根据不同墒情而定。

冬季或早春进行镇压的冬小麦，根据返青情况，苗情长势较好的麦田，可适时晚浇返青水。避免小麦生长速度过快，植株旺长造成倒伏。

凡是冬前抢墒播种播期较晚，又未冬灌、耕地质量差、田间失墒严重的麦田，及小麦个体发育较差、群体小、旱情严重的麦田均应及时浇返青水。根据天气情况，如果天气预报一周左右气温较高，又都是晴天，日平均温度在3℃可浇返青水。有利于冬小麦返青起身，生长成壮苗。

如果一般麦田只要墒情允许，应延缓或不浇返青水，将返青水推迟到起身或拔节期进行；对群体小、长势差，或冬前旺长、春季长势弱的麦田，可结合浇水亩追施尿素 10 kg，浇水后待麦田墒情适宜时及时划锄保墒。

浇返青水要严格控制浇水量。因早春昼夜气温变化大加之冷暖气流频繁交替，浇水量以浇小水为宜，不宜大水漫灌，防止一旦有寒流发生气温及地温太低给小麦造成冻害。

对于冬前适期播种的麦田，由于地力不足造成分蘖少，穗数不够的（冬前每亩总茎数 50 万左右）可浇返青水，并结合浇水每亩追施尿素 7.5 ~ 10 kg、硫酸钾或氯化钾 5 ~ 7.5 kg，以促进早春小麦分蘖，尽可能争取较多的穗数，为丰产打好基础。

晚播麦及总茎数 70 万 ~ 90 万的壮苗或 90 万以上的偏旺苗肥水充足一般不浇返青水，以中耕松土、保墒增温为主，把春生分蘖压到最低限度；冬前旺长的麦田因冬前生长量大，消耗肥水多，而又未冬灌，田间墒情差，早春遭遇倒春寒易导致死苗，也应注意及时浇返青水。

浇水和地温有关系，3 月前后，小麦刚刚返青，气温上不来，地温低，不利于小麦生长。如果此时浇水，就会降低地温，导致小麦返青慢，对小麦今后生长是不利的。此时的主攻方向应是划锄土壤，提高地温。浇水应适当推迟到春分前后进行。

总之，浇返青水要因地、因苗制宜，切忌盲目，以免造成不必要的损失。

注意：早浇返青水减产，适当晚浇返青水"好上加好"，除麦田受旱"不得不早浇"的特殊情况之外。

3. 小麦浇灌浆水方法　面对高温干旱，农民为小麦浇水，以保持适宜的土壤含水量，增加空气湿度，起到延缓根系早衰，增强叶片光合作用，达到预防或减轻干热风危害的效果。但有时在浇完灌浆水后，发现小麦干枯了，这是什么原因呢？

原来，小麦灌浆期是小麦一生活动最旺盛的时期，此时对水肥需求量最大。大水漫灌或浇水量大时，土壤水长时间饱和，土壤中缺乏空气，根系呼吸受到抑制，水分养分吸收出现暂时障碍，造成短暂水分、养分供应减慢。如果高温暴晒天气下浇水，在植株强力蒸腾作用下，叶片等器官迅速脱水，变得干枯，出现绿穗黄叶的现象。

（1）因地制宜浇小麦灌浆水　灌浆水浇得好，有利于小麦产量的进一步提高，如技术掌握不好，不仅不会增产，反而会导致产量的损失和水资源及人力资源的浪费。浇灌水要"五看"。

一看"天"，即灌浆期降水多少。若小麦灌浆期（5月10～25日）出现一次降水量达20 mm以上的降水过程，可以不浇灌浆水；如果灌浆期降水量很少，可以考虑浇灌浆水。

二看"地"，即土壤的肥力基础。土壤肥力高的地块可不浇灌浆水，因为土壤肥力高，可以部分补偿土壤水分的相对不足，不浇灌浆水对产量影响很小，浇灌浆水反而可能会导致产量的下降。而土壤肥力水平一般的地块，以及保水性差的沙质土壤，应浇灌浆水。

三看"种"，即所种植的小麦品种。抗旱节水性强的品种可以不浇灌浆水。优质强筋小麦品种，最好不浇灌浆水，有利于提高籽粒品质。而对常规品种灌浆水仍有一定增产作用，可以考虑浇灌浆水。

四看"苗"，群体偏大，追肥量过大，具有倒伏风险的地块不浇灌浆水，因为不浇灌浆水对产量即便有影响也不大，而一旦出现倒伏，产量降低更多，风险更大。

五看"水"，即根据前期浇水次数而定。已浇过返青水、拔节水和开花水共三水的麦田，一定不要再浇灌浆水。

（2）注意事项　尽量采用喷灌等节水灌溉措施，减少单次灌水量，缩短吸收障碍期。大水漫灌在水到地头后，尽早排除积水，缩短淹水时间。

避开高温时段浇水，与施药防病治虫一样，应在早晚温度较低时进行作业。

一旦出现症状，及时进行根外追肥，结合"一喷三防"，通过叶面喷施补充水分和养分，减缓叶片等失水速度，直到根系呼吸恢复正常。

第三章

大田小麦病虫害防治技术

小麦病害防治技术

一、小麦白粉病

小麦白粉病是在黄淮流域发生普遍的真菌性病害。近年来随着麦田肥水条件的改善及高产田群体密度加大，小麦白粉病发病逐年加重。

（一）主要症状

小麦白粉病自幼苗到抽穗后均可发病。主要危害小麦叶片（图3-1，图3-2），也危害茎（图3-3）、穗（图3-4）和芒。病部最先出现白色丝状霉斑，下部叶片比上部叶片多，叶片背面比正面多。中期病部表面附有一层白粉状霉层，一般叶正面病斑较叶背面多，下部叶片较上部叶片病害重，霉斑早期单独分散后逐渐扩大联合，呈长椭圆形较大的霉斑，严重时可覆盖叶片大部，甚至全部，霉层厚度可达 2 mm 左右，并逐渐呈粉状。后期霉层逐渐由白色变为灰色，上生黑色颗粒。严重影响光合作用，使正常新陈代谢受到干扰，造成早衰，产量受到损失。

图 3-1　发病初期的独立病斑

图 3-2　发病后期病斑相连布满叶片

图 3-3　小麦白粉病病株

图 3-4　小麦白粉病病穗

（二）发生规律

小麦白粉病流行的条件：在大面积种植感病品种基础上，4~5月气温在 15~20℃、空气相对湿度在 70% 以上时；小麦生长旺盛，群体密度过大，植株幼嫩，抗病力低或者倒伏的麦田。病菌在黄淮平原麦区不能越夏，可在海拔 500 m 以上山区的自生麦苗或春小麦上越夏危害，秋季随气流传播到平原冬麦区上发生危害。

（三）防治方法

1. 农业防治　选用抗病丰产品种为主，百农 207、矮抗 58 和丰德存 5 号等抗性较好；合理密植，适当晚播，氮、磷、钾配方合理施用，科学灌溉，适时排水，消灭初期侵染源。

2. 种子处理　可用 15% 三唑酮可湿性粉剂按种子重量 0.12% 拌种，控制苗期病情，减少越冬菌量，减轻发病危害，并能兼治散黑穗病。

3. 药剂防治　在小麦白粉病普遍率达 10% 或病情指数达 5% ~ 8% 时，即应进行药剂防治。每亩用 25% 咪鲜胺乳油 20 mL，或 2% 戊唑醇干拌剂 20 mL，或 12.5% 烯唑醇可湿性粉剂 20 g，或 20% 三唑酮乳油 20 ~ 30 mL，或 15% 三唑酮可湿性粉剂 50 ~ 100 g，对水 50 ~ 60 kg 喷雾，或对水 10 ~ 15 kg 低容量喷雾防治。

二、小麦全蚀病

（一）主要症状

小麦全蚀病主要危害小麦根部和茎秆基部（图 3-5，图 3-6）。此病一旦发生，蔓延速度较快，一般一块地从零星发生到成片死亡，只需三年，发病地块有效穗数、穗粒数及千粒重降低，造成严重的产量损失（图 3-7），一般减产 10% ~ 20%，重者达 50% 以上，甚至绝收，是一种毁灭性病害。

该病幼苗期病原菌主要侵染种子根、地下茎，使之变黑腐烂，称为"黑根"（图 3-8），部分次生根也受害；病苗基部叶片黄化，分蘖减少，生长衰弱，严重时死亡。拔节后根部变黑腐烂，茎基部 1 ~ 2

节叶鞘内侧和茎秆表面布满黑褐色菌丝层。抽穗灌浆期，茎基部明显变黑腐烂，形成典型的"黑脚"症状，病部叶鞘容易剥离，叶鞘内侧与茎基部的表面形成"黑膏药"状的菌丝层。田间病株成簇或点片状分布。

图3-5　小麦全蚀病根部症状

图3-6　小麦全蚀病茎基部症状

图3-7　小麦全蚀病白穗症状

图3-8　小麦全蚀病黑根症状

（二）发生规律

该病是一种土传真菌性病害，病菌是一种土壤寄居菌，在土壤中存活1~5年。施用带有病残体的未腐熟的粪肥、水流可传播病害，多雨，高温，地势低洼麦田发病重。早播、冬春低温以及土质疏松、瘠薄、碱性、有机质少，缺磷、缺氮的麦田发病均重。病害有上升期、高峰期、下降期和控制期等明显的不同阶段，高峰后一般经 1～2 年病害出现自然衰退，这与土壤中拮抗微生物群逐年得到发展有关。

（三）防治方法

1. 植物检疫 保护无病区，控制初发病区，治理老病区：无病区严禁从病区调运种子，不用病区麦秸作包装材料外运。

2. 农业措施 ①合理轮作，因地制宜，实行小麦与棉花、薯类、花生、豌豆、大蒜、油菜等非寄主作物轮作 1～2 年。②增施有机肥，磷肥，促进拮抗微生物的发育，减少土壤表层菌源数量；深耕细耙，及时中耕灌排水。③选用抗病耐病品种。

3. 药剂防治 ①种子包衣：用 12.5% 硅噻菌胺悬浮剂 20 mL 拌种 10 kg，或 3% 苯醚甲环唑种衣剂 50～100 mL 加 2.5% 咯菌腈悬浮种衣剂 10～20 mL 包衣种子 10 kg。②喷药防治：在小麦拔节期间，每亩用 20% 三唑酮乳油 100～150 mL，对水 50～60 kg 喷淋小麦茎基部，或用丙环唑、烯唑醇、三唑醇等可用作喷浇防治小麦全蚀病。

三、小麦根腐病

小麦根腐病又称小麦根腐叶斑病或黑胚病、青死病、青枯病等。全国各地麦区均有发生，是麦田常发病害之一。一般减产 10%～30%，重者减产 20%～60%，或更多。

（一）主要症状

　　小麦整个生育期都可引发根腐病。幼苗（图3-9）染病后在芽鞘上产生黄褐色至褐黑色梭形斑，边缘清晰，中间稍褪色，扩展后引起种根基部、根间、分蘖节和茎基部变褐色腐烂，最后根系朽腐（图3-10），麦苗平铺在地上，下部叶片变黄，逐渐黄枯而亡。成株叶上病斑初期为梭形或椭圆形褐斑，扩大后呈椭圆形或不规则褐色大斑，病斑融合成大斑后枯死，严重的整叶枯死（图3-11）。叶鞘染病产生边缘不明显的云状块，与其连接叶片黄枯而死。叶鞘上病斑不规则，常形成大型云纹状浅褐色斑，扩大后整个小穗变褐枯死并产生黑霉。病小穗不能结实，或虽结实但种子带病，种胚变黑（图3-12）。黑胚病不仅会降低种子发芽率，而且对小麦制品颜色等会产生一定影响。

图3-9　小麦根腐病苗期症状

图3-10　小麦根腐病后期症状

图3-11　小麦根腐病中后期叶部症状

图3-12　小麦根腐病茎基部与穗部症状

（二）发生规律

小麦根腐病是真菌性病害，病菌以菌丝体和厚垣孢子在小麦、大麦、黑麦、燕麦、多种禾本科杂草的病残体和土壤中越冬，翌年成为小麦根腐病的初侵染源。发病后病菌产生的分生孢子再借助于气流、雨水、轮作、感病种子传播，该菌在土壤中存活2年以上。根腐病的流行程度与菌源数量、栽培管理措施、气象条件和寄主抗病性等因素有关。生产上播种带菌种子可导致苗期发病。幼苗受害程度随种子带菌量增加而加重，侵染源多则发病重。耕作粗放、土壤板结、播种覆土过厚、春麦区播种过迟、冬麦区播种过早以及小麦连作、种子带菌、田间杂草多、地下害虫引起根部损伤均会引起根腐病。麦田缺氧、植株早衰或叶片叶龄期长，小麦抗病力下降，则发病重。麦田土壤温度低或土壤湿度过低、过高易发病，土质瘠薄，抗病力下降及播种过早或过深发病重。小麦抽穗后出现高温、多雨的潮湿天气，病害发生程度明显加重。栽培中高氮肥和频繁的灌溉方式，亦会加重该病的发生。

（三）防治方法

1. 农业防治　与油菜、亚麻、马铃薯及豆科植物轮作换茬；适时早播、浅播，合理密植；中耕除草，防治苗期地下害虫；平衡施肥，施足基肥，及时追肥，不要偏施氮肥；灌浆期合理灌溉，降低田间湿度；选用抗病耐病丰产品种。

2. 种子处理　播种前可用50%异菌脲可湿性粉剂或75%萎锈·福美双可湿性粉剂、58%甲霜灵·锰锌可湿性粉剂、70%代森锰锌可湿性粉剂、50%福美双可湿性粉剂、20%三唑酮乳油，按种子重量的 0.2% ~ 0.3% 拌种，防效可达 60% 以上。

3. 药剂防治 返青至拔节期喷洒 25% 丙环唑乳油 4000 倍液，或每亩用 50% 福美双可湿性粉剂 100 g 或 50% 氯溴异氰尿酸水溶性粉剂 60 g，对水 75 kg 喷洒。在小麦灌浆初期用 25% 丙环唑乳油 50 mL/ 亩，或 25% 嘧菌酯悬浮剂 20 g/ 亩、5% 烯肟菌胺乳油 80 mL/ 亩，或 12.5% 腈菌唑乳油 60 mL/ 亩，对水 30 ~ 50 kg 均匀喷雾。

四、小麦纹枯病

小麦纹枯病在黄淮麦区发生普遍，且危害严重。

（一）主要症状

小麦纹枯病主要发生在小麦茎秆和叶鞘上，发病初期，在近地表的叶鞘上产生周围褐色、中央淡褐色至灰白色的梭形病斑，后逐渐扩展至茎秆叶鞘上（侵茎）且颜色变深，形成云纹状花纹，病斑无规则，严重时可包围全叶鞘，使叶鞘及叶片早枯（图 3-13）；重病株茎基 1 ~ 2 节变黑甚至腐烂、烂茎抽不出穗而形成枯孕穗或抽后形成白穗（图 3-14），结实少，籽粒秕瘦。小麦生长中后期，叶鞘上的病斑常有时可见到一些白色菌丝状物，空气潮湿时上面初期散生土黄色至黄褐色霉状小团，后逐渐变褐；形成圆形或近圆形颗粒状物，即病菌的菌核。

（二）发生规律

小麦纹枯病是真菌性病害，以菌核附着在植株病残体上或落入土中越夏或越冬，成为初侵染的主要来源。被害植株上菌丝伸出寄

图 3-13 小麦纹枯病中部叶鞘症状　　图 3-14 小麦纹枯病后期白穗症状

主表面，向邻近麦株蔓延进行再侵染。小麦播种早、播量大、氮肥多、长势旺，浇水多或阴雨天气造成湿度大，有利于病害的发生。主要引起穗粒数减少，千粒重降低，还引起倒伏。一般病田减产 10% 左右，严重时减产 30%~40%。

（三）防治方法

1. 农业防治　适期适时适量播种；增施有机肥，氮磷钾肥配方使用；实行合理轮作，减少传播病菌源基数；合理灌水，及时中耕，降低田间湿度，促使麦苗健壮生长和增强抗病能力；选用抗病和耐病品种。

2. 种子处理　选用有效药剂包衣（或拌种），可用 2.5% 咯菌腈悬浮种衣剂 10 ~ 20 mL 或 2% 的戊唑醇干拌剂 10 ~ 20 g 拌种 10 kg；或用 10% 三唑醇粉剂按种子量的 0.3% 拌种。

3. 药剂防治　小麦返青后病株率达 5% ~ 10%（一般在 3 月中旬前后）喷药，在纹枯病发生地区或重发生年份，每亩用 70% 甲基硫菌灵粉剂 70 ~ 100 g，或 20% 三唑酮乳油 30 ~ 50 mL，或 12.5% 烯唑醇可湿性粉剂 30 ~ 40 g，或 24% 噻呋酰胺悬浮剂 20 mL 对水

50 ~ 60 kg 喷雾，或 20% 丙环唑乳油 1 000 ~ 1 500 倍喷雾（注意尽量将药液喷到麦株茎基部）；第二次用药在第一次用药后 15 天左右施用，可有效防治本病。或用氯溴异氰尿酸、戊唑醇、己唑醇等防治。

五、小麦锈病

小麦锈病又叫黄疸病，是由柄锈属真菌侵染引起的一类病害，分条锈病、叶锈病和秆锈病三种。其中条锈病主要分布在华北、西北、淮北等北方冬麦区和西南的四川、重庆、云南；叶锈病主要分布在东北、华北、西北、西南小麦产区；秆锈病主要分布在华东沿海、长江流域中下游和南方冬麦区及东北、西北，尤其是内蒙古等地的春麦区，以及云、贵、川西南的高山麦区。

（一）主要症状

1. 小麦条锈病特征　小麦条锈病是一种气传病害，病菌随气流远距离传播，可波及全国。该病菌主要危害小麦的叶片（图 3-15，图 3-16），也可危害叶鞘、茎秆和穗部。小麦感病后，初呈失绿的斑点，后在叶片的正面形成鲜黄色的粉疱（即夏孢子堆）。夏孢子堆较小，长椭圆形，在叶片上排列成虚线状，与叶脉平行，常几条结合在一起成片着生。到小麦接近成熟时，在叶鞘和叶片上长出黑色、狭长形、埋伏于表皮下面的条状疱斑的孢子，即病菌的冬孢子。条锈病主要在西北冷凉春麦区越夏，华北麦区侵染来源主要来自陇南、陇东、西南等夏孢子可以越冬的麦区。春季小麦锈病流行的条件有：有一定数量的越冬菌源；有大面积感病品种；当地 3~5 月降水较多，早春气温回升快，外来菌源多而早时，则小麦中后期突发流行，减产严重（图3-17，图3-18）。

图3-15　小麦条锈病初期症状

图3-16　小麦条锈病后期症状

图3-17　小麦条锈病大田初期症状

图3-18　小麦条锈病大田后期（流行）症状

2. 小麦叶锈病特征　小麦叶锈病分布于全国各地，发生较为普遍。叶锈病主要发生在叶片（图3-19，图3-20），也能侵害叶鞘。发病初期，受害叶片出现圆形或近圆形红褐色的夏孢子堆。夏孢子堆较小，一般在叶片正面不规则散生，极少能穿透叶片，待表皮破裂后，散出黄褐色粉状物，即夏孢子。后期在叶片背面和叶鞘上长出黑色阔椭圆形或长椭圆形、埋于表皮下的冬孢子堆。小麦叶锈病菌较耐高温，在自生小麦苗上发生越夏，秋播小麦出土后叶锈菌又从自生麦苗上转移到冬小麦麦苗上。播种较早，气温较高，利于叶锈病的发生，小麦发病受害重。播种较晚，气温较低，不能形成夏孢了堆，多以菌丝潜伏在麦叶内越冬。

图 3-19 小麦叶锈病危害叶片　　图 3-20 小麦叶锈病大田症状

3. 小麦秆锈病特征　小麦秆锈病分布于全国各地，病害流行年份，常来势凶猛、危害大，可在短期内引起较大损失，造成小麦严重减产。秆锈病（图 3-21 ~ 图 3-24）主要发生在小麦叶鞘、茎秆和叶鞘基部，严重时在麦穗的颖片和芒上也有发生，产生很多的深红褐色、长椭圆形夏孢子堆，常散生，表皮破裂而外翻。小麦发育后期，在夏孢子堆或其附近产生黑色的冬孢子堆。小麦秆锈病的流行主要与品种、菌源基数、气象条件有关。该病菌在华北麦区不能越冬，春末夏初的致病菌源主要来自东南麦区。一般在小麦抽穗期——乳熟期这一阶段前后的田间湿度等影响病害流行的关键因素密切相关，也是秆锈菌夏孢子萌发和侵染的主要时期。

图 3-21 小麦秆锈病初期症状

图 3-22 小麦秆锈病中期症状

图 3-23 小麦秆锈病后期症状

图 3-24 小麦秆锈病大田叶部脱肥症状

（二）发生规律

我国凡是有小麦种植的区域，都有一种或两三种锈病发生。小麦条锈病病菌越冬的低温界限为最冷月份月均温 -7 ~ -6℃，如有积雪覆盖，即使低于 -10℃ 仍能安全越冬。华北以石德线到山西介休、陕西黄陵一线为界，以北虽能越冬但越冬率很低，以南每年均能越冬且越冬率较高。黄河以南不仅能安全越冬且越冬叶位较高。再南到四川盆地、鄂北、豫南一带，冬季温暖，小麦叶片不停止生长，加上湿度较大，条锈病病菌持续逐代侵染，已不存在越冬问题。

条锈病病菌以夏孢子在小麦为主的麦类作物上逐代侵染而完成周年循环。夏孢子在寄主叶片上，在适合的温度(14~17℃)和有水滴或水膜的条件下侵染小麦。三种锈病病菌的夏孢子在萌发和侵染上的共同点是都需要液态水，侵入率和侵入速度取决于露时和露温，露时越长，侵入率越高；露温越低，侵入所需露时越长。在侵染上的不同点主要是三者要求的温度不同，条锈病病菌最低，叶锈病病菌居中，秆锈病病菌最高。

条锈病病菌在小麦叶片组织内生长，潜育期长短因环境不同而异。当有效积温达到150~160℃时，便在叶面上产生夏孢子堆。每个夏孢子堆可持续产生夏孢子若干天，夏孢子繁殖很快。这些夏孢子可随风传播，甚至可被强大的气流带到1 500~4 300 m的高空，吹送到几百甚至上千千米以外的地方而不失活性，进行再侵染。因此，条锈病病菌借助风力吹送，在高海拔冷凉地区，晚熟春麦和晚熟冬麦自生麦苗上越夏，在低海拔温暖地区的冬麦上越冬，完成周年循环。

条锈病病菌在高海拔地区越夏的菌源及其邻近的早播秋苗菌源，借助秋季风力传播到冬麦地区进行危害。在陇东、陇南一带10月初就可见到病叶，黄河以北平原地区10月下旬以后可以见到病叶，淮北、豫南一带在11月以后可以见到病叶。在我国黄河、秦岭以南较温暖的地区，小麦条锈病病菌不须越冬，从秋季一直到小麦收获前，可以不断侵染和繁殖危害。但在黄河、秦岭以北冬季小麦生长停止地区，病菌在最冷月日均气温不低于–6℃，或有积雪不低于–10℃的地方，主要以潜育菌丝的状态在未冻死的麦叶组织内越冬，待翌年春季温度适合生长时，再繁殖扩大危害。

小麦条锈病在秋季或春季发病的轻重主要与夏、秋季和春季雨水的多少、越夏越冬的菌源量和感病品种的面积大小关系密切。一般来说，秋冬、春夏交替时雨水多，感病品种面积大，菌源量大，条锈病就发生重，反之则轻。

（三）防治方法

小麦锈病的防治应贯彻"预防为主，综合防治"的植保方针，重点抓好应急防治。防治应做到准确监测，带药侦察，发现一点，控制一片，坚持点片防治与普治相结合，群防群治与统防统治相结合，把损失降到最低限度。

1. 农业防治 在锈病易发区，不宜过早播种；及时排灌，降低麦田湿度抑制病菌夏孢子萌发；清除自生、寄生苗，减少越夏菌源。合理施肥，避免氮肥施用过多过晚，增施磷肥、钾肥，促进小麦生长发育，提高抗病能力。选用抗病丰产良种，做好抗锈品种的合理布局，切断菌源传播路线。

2. 种子处理 药剂拌种用 99% 天达噁霉灵 2 g ＋植物细胞膜稳态剂浸拌种型 25 g（1 袋），对水 2 ~ 3 kg，均匀喷拌麦种 50 kg，晾干后播种，随拌随播，切勿闷种。还可兼防白粉病、全蚀病、根腐病、纹枯病和腥黑穗病等。

3. 药剂防治 在小麦拔节至抽穗期，条锈病病叶率达到 1% 左右时，开始喷药，以后隔 7 ~ 10 天再喷 1 次。药剂可选用 20% 三唑酮乳油每亩 30 ~ 50 mL，或 15% 三唑酮可湿性粉剂每亩 75 g，或 12.5% 烯唑醇可湿性粉剂每亩 15 ~ 30 g，对水 50 ~ 60 kg 叶面喷雾。

六、小麦赤霉病

（一）主要症状

小麦赤霉病（图3-25～图3-27）可以侵染小麦的各个部位，自幼苗至抽穗期均可发生，引起苗枯、茎腐和穗腐等。大流行年份病穗率达50%～100%，减产10%～40%。该病菌的代谢产物含有毒素，人畜食用后还会中毒。赤霉病最初在小穗颖片上出现水浸状病斑，逐渐扩大至整个小穗和穗子，严重时整个小穗或穗子后期全部枯死，受感染的穗子呈灰褐色。气候潮湿时，感病小穗的基部产生粉红色胶质霉层，为病菌的分生孢子座和分生孢子。后期穗部产生煤屑状黑色颗粒。黑色颗粒是病菌的子囊壳。在幼苗的芽鞘和根鞘上呈黄褐色水浸状腐烂，严重时全苗枯死，病残苗上有粉红色菌丝体。发病初期，茎基部呈褐色，后变软腐烂，植株枯萎，在病部产生粉红色霉层。

1.健穗；2.初期病穗；3～5.病害在麦穗上的发展情况

图3-25　小麦健穗和赤霉病病穗

 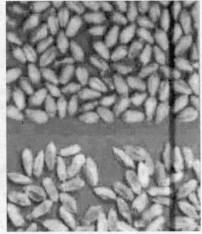

图 3-26 小麦赤霉病病穗　　　　图 3-27 小麦赤霉病病粒

（二）发生规律

　　小麦赤霉病是真菌性病害，病菌主要以菌丝体潜伏在稻茬或玉米茬，种子也可带菌。一般因初侵染菌源量大，小麦抽穗扬花期间降雨多，空气湿度大，病害就可流行；或地势低洼、土壤黏重、排水不良的麦田湿度大，也有利于该病的发生。小麦抽穗扬花期气温在15℃以上，连续阴雨3天以上，或重雾、重露造成田间湿度大，就有严重发生的可能；小麦抽穗后15~20天，阴雨日数超过50%，病害就可能流行，超过70%就可能大流行，40%以下为轻发生年。

（三）防治方法

1. 农业防治

　　适时播种，合理施肥；深耕灭茬，消灭菌源；合理灌排，降低田间湿度；选用抗病耐病品种；合理密植和控制适宜群体密度，提高和改善麦田通风透光条件。

2. 种子处理　在播种前进行种衣剂包衣或用拌种，按种子量的3%药量与种子混拌均匀。

3. 药剂防治　小麦赤霉病重在预防，治疗效果较差。防治重点是在小麦扬花期预防穗腐发生。在始花期喷洒，要在小麦齐穗扬花初期(扬花株率5%～10%)用药。药剂防治应选择渗透性、耐雨水冲刷性和持效性较好的农药，每亩可选用25%氰烯菌酯悬浮剂100～200 mL，或40%戊唑·咪鲜胺水乳剂20～25 mL，或28%烯肟·多菌灵可湿性粉剂50～95 g，对水30～45 kg细雾喷施。视天气情况、品种特性和生育期早晚再隔7天左右喷第二次药，注意交替轮换用药。此外小麦生长的中后期赤霉病、麦蚜、黏虫混发区，每亩用40%毒死蜱乳油30 mL或10%抗蚜威微乳剂10 g加40%多·酮可湿性粉剂100 g或60%多菌灵盐酸盐水溶性粉剂70 g加磷酸二氢钾150 g或尿素、复硝酚钠等，防效优异。喷药时期如遇阴雨连绵或时晴时雨，必须抢在雨前或雨停间隙露水干后抢时喷药；如果连阴有雨，下小雨可以喷药，但应加大10%的用药量。喷药后遇雨可隔5～7天再喷1次，以提高防治效果，喷药时要重点对准小麦穗部，均匀喷雾。

七、小麦黑穗病

（一）主要症状

1. 小麦腥黑穗病病害特征

小麦腥黑穗病为光腥黑穗病和网腥黑穗病，前者除侵害小麦外还侵害黑麦，后者仅侵害小麦，全国各地都有发生。小麦腥黑穗病主要危害穗部（图3-28～图3-31），一般病株较矮，分蘖较多，病穗稍短且直，颜色较深，初为灰绿，后为灰白或灰黄。颖壳麦芒外张，露出全部或部分病粒（菌瘿）。病粒较健粒短粗，初为暗绿，后变灰黑，包外一层灰包膜，内部充满黑色粉末（病菌厚垣孢子），破裂散出含有三甲胺的鱼腥味气体，故称腥黑穗病。病菌孢子含有毒物质三甲胺，面粉不能食用，如将混有大量菌瘿和孢子的麦粒作饲料，会引起家禽和牲畜中毒。腥黑穗病菌以厚垣孢子附在种子外表或混入粪肥、土壤中越冬或越夏。种子发芽时，病菌从芽鞘侵入麦苗并到达生长点，后以菌丝体形态随小麦而发育，到孕穗期，侵入子房，破坏花器，抽穗时在麦粒内形成菌瘿即病原菌的厚垣孢子。

图 3-28 小麦腥黑穗病初期病穗症状

图 3-29 小麦腥黑穗病后期病穗症状

图 3-30 小麦腥黑穗病病穗

图 3-31 小麦腥黑穗病病粒

2. 小麦散黑穗病病害特征　小麦散黑穗病在我国各麦区都有发病。主要危害穗部（图3-32，图3-33），茎和叶等部分也可发生。感病病株抽穗略早于健株，初期病穗外包有一层浅灰色薄膜，小穗全被病菌破坏，种皮、颖片、子房变为黑粉，有时只有下部小穗发病而上部小穗能结实；病穗抽出后，随后表皮破裂，黑粉散出，最后残留一条弯曲的穗轴。病菌在花期侵染健穗，当年不表现症状，翌年发病，并侵入第二年的种子潜伏，完成侵染循环。

图3-32　小麦散黑穗病穗部症状　　图3-33　小麦散黑穗病大田症状

3. 小麦秆黑粉病病害特征　小麦秆黑粉病主要发生在小麦的茎秆、叶和叶鞘上，极少数发生在颖或种子上（图3-34～图3-37）。常出现与叶脉平行的条纹状孢子堆。孢子堆略隆起，初白色，后变灰白色至黑色，病组织老熟后，孢子堆破裂，散出黑色粉末，即冬孢子。病株多矮化、畸形或卷曲，多数病株不能抽穗而卷曲在叶鞘内，或抽出畸形穗。病株分蘖多，有时无效分蘖可达百余个。该病以土壤传播为主，种子、粪肥也能传播，在种子萌发期侵染。

图 3-34　小麦秆黑粉病病叶

图 3-35　小麦秆黑粉病病秆

图 3-36　小麦秆黑粉病病穗

图 3-37　小麦秆黑粉病病株

（二）发生规律

小麦黑穗病是真菌性病害，常见的有小麦腥黑穗病、小麦散黑穗病和小麦秆黑粉病，其共同特点是病菌一年只侵染一次，为系统侵染性病害。

（三）防治方法

1.农业防治　及时清除田间病株残茬，减少传播菌源；播种不宜过深；秋种时要深耕多耙，施用腐熟肥料，增施有机肥，测土配方施肥，适期、精量播种，足墒下种，培育壮苗越冬，增强作物抗逆力，以减轻病虫危害；选用耐病抗病品种。

2. 温汤浸种　有变温浸种和恒温浸种。变温浸种是先将麦种用冷水预浸 4 ～ 6 小时，捞出后用 52 ～ 55℃温水浸 1 ～ 2 分，再捞出放入 56℃温水中，使水温降至 55℃浸 3 分，随即迅速捞出冷却晾干播种。恒温浸种把麦种置于 50 ～ 55℃热水中，立刻搅拌，使水温迅速稳定至 45℃，浸 3 小时后捞出，移入冷水中冷却，晾干后播种。

3. 石灰水浸种　用优质生石灰 0.5 kg，溶在 50 kg 水中，滤去渣滓后静浸选好的麦种 30 kg，要求水面高出种子 10 ～ 15 cm，种子厚度不超过 66 cm，浸泡时间气温 20℃浸 3 ～ 5 天，气温 25℃浸 2 ～ 3 天，30℃浸 1 天即可，浸种以后不再用清水冲洗，摊开晾干后即可播种。

4. 药剂拌种　用 6% 戊唑醇悬浮种衣剂按种子量的 0.03% ～ 0.05%（有效成分），或用种子重量 0.08% ～ 0.1% 的 20% 三唑酮乳油拌种。也可用 40% 拌种双可湿性粉剂 0.1 kg，或用 50% 多菌灵可湿性粉剂 0.1 kg，对水 5 kg，拌麦种 50 kg，拌后堆闷 6 小时。也可用种子重量 0.2% 的拌种双，或福美双，或多菌灵，或甲基硫菌灵等药剂拌种和闷种，都有较好的防治效果。

八、小麦胞囊线虫病

（一）主要症状

小麦胞囊线虫病在各麦区分布较普遍，对作物产量所造成的损失非常严重，一般产量损失为 20% ～ 30%，发病严重地块减产可达

70%，直至绝收。该病是燕麦胞囊线虫侵染而起，在田间分布不均匀，常成团发生。苗期受害小麦幼苗矮黄，由下向上发展，叶片逐渐发黄，最后枯死，类似缺肥症；根部症状是根尖生长受抑，从而造成多重分根和肿胀，次生根增多、分叉，多而短，丝结成乱麻状（图3-38），受害根部可见附着柠檬形胞囊，开始灰白，后变为褐色。返青拔节期病株生长势弱，明显矮于健株（图3-39），根部有大量根结。灌浆期小麦群体常现绿中加黄，高矮相间的山丘状，根部可见大量线虫白色胞囊（大小如针尖），成穗少、穗小粒少，产量低。

图3-38　小麦胞囊线虫病病株与健株　图3-39　小麦胞囊线虫病大田症状

（二）发生规律

小麦胞囊线虫以胞囊内卵和幼虫在土壤中越冬或越夏，土壤传播是其主要途径。农机具、人畜活动、水流、种子均可传播，甚至大风刮起的尘土是远距离传播的主要途径。在小麦苗期，天气凉爽、土壤湿润，幼虫能够尽快孵化并向植物根部移动，就会造成危害严重；一般在沙壤土或沙土中危害严重，黏重土壤中危害较轻；土壤水肥条件好的地块，小麦生长健壮，危害较轻；土壤肥水状况差的地块，危害较重。

（三）防治方法

1. 农业防治　此病属局部发生，应避免从病区调种，防止种子中的带病土块扩散蔓延，病区应选用抗、耐病品种；合理轮作如小麦与非寄主作物（豆科植物）进行2～3年轮作，可有效减轻病害损失；有条件麦区可实行小麦－水稻轮作，对该病防治效果更好；冬麦区适当早播或春麦区适当晚播，避开线虫的孵化高峰，减少侵染概率；加强水肥管理，增施肥料，增施腐熟有机肥，促进小麦生长，提高抗逆能力。

2. 药剂防治　播种期用乙基硫环磷按种子的0.5%拌种，或每亩用10%克线磷颗粒剂1 kg，15%涕灭威颗粒剂500 g，线敌颗粒剂1.5 kg等，播种时沟施。

九、小麦茎基腐病

（一）主要症状

小麦茎基腐病在幼芽、幼苗、成株根系、茎叶和穗部均可受害，以根部受害最重，是近几年新发生病害之一。播种后种子受害，幼芽鞘受害成褐色斑痕，严重时腐烂死亡。苗期受害根部产生褐色或黑色病斑（图3-40）。成株期受害植株茎基部出现褐色条斑，严重时茎折断枯死，或虽直立不倒，但提前枯死，枯死植株青灰色，白穗不实，俗称"青死病"（图3-41，图3-42），人工拔时茎基部易折断，拔起病株可见根毛和主根表皮脱落，根冠部变黑并黏附土粒。叶片上病斑初为梭形小斑，后扩大成长圆形或不规则形斑块，边缘不规则，中央浅褐色至枯黄色，周围深绿色，有时有失绿晕圈（图3-43）。穗部发病在颖壳基部形成水浸状斑，后变褐色，表面敷生黑色霉层，穗轴和小穗轴也常变褐腐烂，小穗不实或种子不饱满，在高温条件下，穗颈变褐腐烂，使全穗枯死或掉穗（图3-44，图3-45）。麦芒发病后，产生局部褐色病斑，病斑部位以上的一段芒干枯。种子被侵染后，胚全部或局部变褐色，种子表面也可产生梭形或不规则形暗褐色病斑。

图 3-40　小麦茎基腐病苗期茎基部症状　　图 3-41　小麦茎基腐病后期茎基部症状

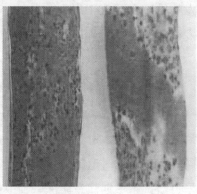

图 3-42　小麦茎基腐病根部典型症状　　图 3-43　小麦茎基腐病叶部症状

图 3-44 小麦茎基腐病白穗症状（1）　图 3-45　小麦茎基腐病白穗症状（2）

（二）发生规律

小麦茎基腐病是真菌性病害，病菌主要以菌丝体潜伏在种子内和病残体中越夏、越冬，小麦播种后，种子和土壤中的病菌侵染幼芽和幼苗，造成芽腐和苗腐。分生孢子可随气流或雨滴飞溅传播，侵染麦株地上部位。生育后期高温多雨，可大流行。田间病残体多，腐解慢，病菌数量就多，发病重。连作麦田，发病较重。幼苗出土慢，发病重。土温 20℃以上，高湿，有利发病。土质贫瘠、水肥不足易发病。小麦遭受冻害、旱害或涝害，可加重病害发生。

（三）防治方法

1. 农业防治　因地制宜选用抗病、耐病品种、选无病种子。适期早播、浅播，避免在土壤过湿、过干条件下播种。增施有机肥、磷钾肥，返青时追施适量速效性氮肥。合理排灌，防止小麦长期过旱过涝，越冬期注意防冻。勤中耕，清除田间禾本科杂草。麦收后及时翻耕灭茬，促进病残体腐烂。秸秆还田后要翻耕，埋入地下。与非禾本科作物轮作，避免或减少连作。

2. **种子处理**　播种前进行药剂拌种，药剂可以选用 2.5% 咯菌腈悬浮种衣剂、12.5% 烯唑醇乳油，或 50% 代森锰锌可湿性粉剂，或 50% 多菌灵可湿性粉剂，或 50% 福美双可湿性粉剂，用量为种子重量的 0.2% ~ 0.3%。

3. **药剂防治**　发病初期喷洒 50% 福美双可湿性粉剂 500 倍液，或 20% 三唑酮乳油 2 000 倍液，或 15% 三唑醇可湿性粉剂 2 000 倍液，或 70% 甲基硫菌灵可湿性粉剂或 70% 代森锰锌可湿性粉剂 500 倍液喷雾。或每亩用量为 50% 氯溴异氰尿酸可湿性粉剂 50 ~ 60 g 对水喷雾。7 ~ 10 天后再喷 1 次。

表 3-1　小麦根部病害症状比较

病害	典型特征	基部叶鞘	根部	茎基部
纹枯病	叶鞘上出现云纹病斑，后期造成枯白穗	出现中间灰白、边缘褐色的云纹病斑	正常，白色，易拔出	严重时侵入茎秆，形成近圆形眼斑，不腐烂
全蚀病	茎基部变黑腐烂，呈"黑脚"状；后期造成枯白穗	叶鞘内侧黑褐色菌丝层	变黑色，能拔出	表面变黑，不腐烂
根腐病	根基部、根间、分蘖节和茎基部变褐色腐烂。出现"青死"白穗	叶鞘边缘出现不明显的黄褐色云状病斑	变褐色，能拔出	出现褐色条斑、梭形斑
茎基腐病	茎基部和根变褐色，后期造成枯白穗	病斑不规则形，浅黄至黄褐色	变褐色，从土中拔出时根毛和主根表皮脱落，易在茎基腐烂处撕断	出现褐色条斑，易折断

十、小麦土传花叶病

（一）主要症状

小麦土传花叶病是由土壤中的禾谷多黏菌传播的病毒病，主要危害冬小麦的叶片（图3-46），黄淮河流域均有发生。严重的产量损失可达30%~70%。该病多发生在生长前期侵染麦苗，表现斑驳不明显。翌春，新生小麦叶片症状逐渐明显，出现长短和宽窄不一的深绿和浅绿相间的条状斑块或条状斑纹（失绿条纹）（图3-47）。病株一般较正常植株矮，有些品种产生过多的分蘖，形成丛矮症，绿色花叶株系，失绿条纹，黄色花叶株系等，病株穗小粒少，但多不矮化。

图3-46 小麦土传花叶病病叶　　　图3-47 小麦土传花叶病病株

（二）发生规律

小麦土传花叶病毒主要由土壤中的禾谷多黏菌传播，是一种小麦根部的专性弱寄生菌，本身不会对小麦造成明显危害。禾谷多黏菌产生游动孢子，侵染麦苗根部，病毒随之侵入根部进行增殖，根部细胞中带有大量病毒粒体，并向上扩展，翌春表现症状。小麦土传花叶病毒是土壤带菌，主要靠病土、病根残体、病田水流传播，也可经汁液摩擦接种传播。一般先出现小面积病区，以后面积逐渐增大。病毒能随其休眠孢子在土中存活10年以上。播种早发病重，播种迟发病轻。

（三）防治方法

1. 农业防治　合理轮作，与豆科、薯类、花生等进行2年以上轮作；调节播种期；加强肥水管理，施用农家肥要充分腐熟；提倡施用酵素菌沤制的堆肥；合理灌溉，严禁大水漫灌，雨后及时排水；禁止多黏菌的病土扩大传病。

2. 土壤处理　零星发病区采用土壤灭菌法每亩用60～90 mL溴甲烷·二溴乙烷处理土壤，或用40～60℃高温处理15 cm深土壤10～20分；选用抗病或耐病的品种，也可在耕地前每亩地撒施多菌灵，或五氯硝基苯酚等杀菌剂10 kg左右。重病地块小麦播种前采用焦木酸原液或1：4的稀释液处理土壤，这种方法不但对灭菌有效，还有抑制杂草的作用；利用石灰氮作肥料对防治本病有显著效果。

3. 药剂防治　喷药时应先对发病（点）区是要封锁，再向四周喷药保护。每亩选用5%盐酸吗啉胍可溶性粉剂300～400 g，或20%吗啉胍·乙铜可湿性粉剂30～50 g，或10%乙唑醇乳油30～50 mL，对水30～45 kg，视病情发展情况，间隔7～10天施药1次，连防2～3次。

十一、小麦黄矮病

（一）主要症状

小麦从幼苗到成株期均能感小麦黄矮病，由小麦蚜虫传染的一种病毒病。在我国冬春麦区都有不同程度的发生，感病小麦整株发病，黄化矮缩，流行年份可减产20%～30%，严重时减产50%以上。苗期感病时，叶片失绿变黄，病株矮化严重，其高度只有健株的1/3~1/2（图3-48）。被侵染的病苗根系浅、分蘖少，上部幼嫩叶片从叶尖开始发黄，逐渐向下扩展，使叶片中部也发黄，呈亮黄色，有光泽，叶脉间有黄色条纹。病叶较厚、较硬，叶背蜡质较多。拔节期被侵染的植株，只有中部以上叶片发病，病叶也是先从叶尖开始变黄，通常变黄部分仅达叶片的1/3~1/2处，病叶亮黄色，变厚、变硬（图3-49）。有的病叶叶脉仍为绿色，因而出现黄绿相间的条纹。后期全叶干枯，有的变为白色，多不下垂。病株矮化现象不很明显，但秕穗率增加，千粒重降低。穗期感病的麦株仅旗叶发黄，症状同上。个别品种染病后，叶片变紫。

图3-48　小麦黄矮病病株与健株　　　图3-49　小麦黄矮病大田症状

（二）发生规律

小麦黄矮病由传毒麦蚜（图3-50）危害麦苗感病。冬季以若虫、成虫或卵在麦苗、杂草的基部或根际越冬。翌年春季危害和传毒，因此春秋两季是黄矮病传播和侵染的主要时期，春季更是黄矮病的主要流行时期。

图3-50　小麦黄矮病传毒蚜虫

（三）防治方法

1. 农业防治　选用抗病、耐病品种；加强栽培管理，增施有机肥，扩大水浇面积，创造不利于蚜虫繁殖的生态环境，冬麦区避免过早、过迟播种；清除田间杂草，减少毒源寄主。

2. 种子处理　每50 kg麦种用40%甲基异柳磷乳油100～150 g，

对水 3 ~ 4 L 拌种，拌种后堆闷 12 小时，残效期达 40 天左右。拌种地块冬前一般不治蚜。

3. 药剂防治 根据虫情调查结果决定，一般在 10 月下旬至 11 月中旬喷一次药，以防治麦蚜，在田间蔓延、扩散，减少越冬虫源基数。返青到拔节期防治 1 ~ 2 次，就能控制麦蚜与黄矮病的流行。药剂种类和使用浓度为：50% 灭蚜松乳油 1 000 ~ 1 500 倍；40% 氧乐果乳油 1 000 ~ 1 500 倍；10% 吡虫啉可湿性粉剂 2 000 ~ 3 000 倍，还可采用 25% 氰戊·锌硫磷乳油、2.5% 高效氯氟氰菊酯乳油等。当蚜虫和黄矮病混合发生时，应采用治蚜、防治病毒病和健身管理相结合的综合措施。将杀蚜剂、防治病毒剂（盐酸吗啉胍·铜、植病灵、二氯异氰尿酸钠任意一种）和叶面肥、植物生长调节剂（如芸苔素内酯、黄腐酸盐等）按适当比例混合喷雾，可收到比较好的效果。

十二、小麦丛矮病

小麦丛矮病，俗称坐坡、小老苗、小蘖病，是由北方禾谷花叶病毒引起的病毒病，由灰飞虱传播。

（一）主要症状

丛矮病在北方麦区普遍发生（图 3-51），轻病田减产 1 ~ 2 成，重病田减产 5 成以上，甚至绝收。感病植株分蘖增多，明显矮化（图 3-52），上部叶片从叶基部开始出现叶脉间失绿，逐渐向叶尖扩展，形成不受叶脉限制的黄绿相间的条纹（图 3-53）。心叶不伸展，不抽穗。秋苗发病重的植株不能越冬。拔节后感病的植株只有上部叶片有黄绿相间的条纹，能抽穗，但籽粒秕瘦。

图 3-51　小麦丛矮病田间症状

图 3-52　小麦丛矮病矮化株

图 3-53　小麦丛矮病叶片条纹

（二）发生规律

　　小麦丛矮病由灰飞虱（图 3-54）传播，灰飞虱刺吸带毒寄主后，可终生带毒。小麦出苗后，带毒灰飞虱由越夏寄主迁入麦田，刺吸麦苗传毒，造成秋苗发病。带毒灰飞虱在小麦、杂草根际或土缝中越冬，翌年在麦田继续传毒危害。小麦成熟后，灰飞虱迁至自生麦苗、禾本科杂草等寄主上越夏。该病害在邻近杂草地或靠近水渠草多的麦田发生重。小麦播种早，发病重；侵染越早，受害越重；秋季温度偏高，灰飞虱的活动时期长，有利于发病。

图 3-54　灰飞虱

（三）防治方法

1. 农业措施　适期晚播，播种前将田间和田边杂草彻底清除。

2. 种子处理　70%吡虫啉可湿性粉剂 30 克，对水 700 毫升，拌种 10 千克。

3. 药剂防治　每亩用 10%吡虫啉可湿性粉剂 2 000 倍液，或 5%氟虫腈悬浮剂 1 000 倍液，或 25%速灭威可湿性粉剂 150 克，或 25%噻嗪酮可湿性粉剂 25 ～ 30 克，对水 30 千克全田喷雾防治灰飞虱，或在地头喷 5 ～ 7 米药带阻止灰飞虱侵入麦田。

第二节

小麦虫害防治技术

一、麦茎蜂

（一）危害特征

麦茎蜂又名烟翅麦茎蜂、乌翅麦茎蜂，是小麦上的主要害虫。国内各地均有分布，以青海、甘肃、陕西、山西、河南、湖北为主。以幼虫钻蛀茎秆，向上向下打通茎节，蛀食茎秆后老熟幼虫向下潜到小麦根茎部危害，咬断茎秆或仅留表皮连接，断口整齐。轻者田间出现零星白穗，重者造成全田白穗、局部或全田倒伏，导致小麦籽粒瘪瘦，千粒重大幅下降，损失严重。

（二）形态特征

1. 成虫　体长 8 ~ 12 mm，腹部细长，全体黑色（图 3-55），触角丝状，翅膜质透明，前翅基部黑褐色，翅痣明显。雌蜂腹部第四、第六、第九节镶有黄色横带，腹部较肥大，尾端有锯齿状的产卵器。雄蜂第三至第九节亦生黄带。第一、第三、第五、第六腹节腹侧各具 1 个较大的浅绿色斑点，后胸背面具 1 个浅绿色三角形点，腹部细小且粗细一致。

2. 卵　长约 1 mm，长椭圆形，白色透明。

3. 幼虫　末龄幼虫体长 8 ~ 12 mm，体乳白色，头部浅褐色，胸足退化成小突起，身体多皱褶，臀节延长成几丁质的短管 (图 3-56)。

4. 蛹　蛹长 10 ~ 12 mm，黄白色，近羽化时变成黑色，蛹外被薄茧。

图 3-55　成虫

图 3-56　幼虫

（三）发生规律

麦茎蜂 1 年发生 1 代，以老熟幼虫在茎基部或根茬中结薄茧越冬。翌年小麦孕穗期陆续化蛹，小麦抽穗前进入羽化高峰。卵多产在茎壁较薄的麦秆里，产卵量 50 ~ 60 粒，产卵部位多在小麦穗下 1 ~ 3 节的组织幼嫩的茎节附近。幼虫孵化后取食茎壁内部，3 龄后进入暴食期，常把茎节咬穿或整个茎秆食空，老熟幼虫逐渐向下蛀食到茎基部，麦穗变白；或将茎秆咬断，仅留表皮，断口整齐，易引起小麦倒伏。幼虫老熟后在根茬中结透明薄茧越冬。

（四）防治方法

1. 农业防治　麦收后及时灭茬，秋收后深翻土壤，破坏该虫的生存环境，减少虫口基数。选育秆壁厚或坚硬的抗虫品种。

2. 化学防治　在成虫羽化初期，每亩用 5% 毒死蜱颗粒剂 1.5 ~ 2 kg，拌细土 20 kg，均匀撒在地表，杀死羽化出土的成虫。也可在小麦抽穗前，选用 20% 氰戊菊酯乳油 1 500 ~ 2 000 倍液，或 4.5% 高效氯氰菊酯乳油 1 000 倍液，或 45% 毒死蜱乳油 1 000 ~ 1 500 倍液，喷雾防治成虫。

二、麦蜘蛛

（一）危害特征

在中国小麦产区常见的麦蜘蛛主要有两种：麦长腿蜘蛛和麦圆蜘蛛。北方以麦长腿蜘蛛为主，南方以麦圆蜘蛛为主。麦长腿蜘蛛主要发生在地势高燥的干旱麦田。麦圆蜘蛛以危害小麦为主，主要分布在地势低洼、地下水位高、土壤黏重、植株过密的麦田。麦蜘蛛在冬前或春季以成、若虫刺吸叶片汁液，被害麦叶出现黄白小点，植株矮小，发育不良，重则干枯死亡（图 3-57，图 3-58）。

图 3-57 麦蜘蛛危害叶片　　　图 3-58 麦蜘蛛危害成株

（二）形态特征

麦蜘蛛一生有卵、若虫、成虫 3 个虫态（图 3-59，图 3-60）。麦长腿蜘蛛成虫体长 0.62~0.85 毫米，宽约 0.2 毫米，体纺锤形，两端较尖，紫红色至褐绿色。

麦圆蜘蛛成虫体长 0.6~0.8 毫米、宽 0.43~0.65 毫米，体形略圆，头胸部凸出，深红色。

图 3-59 麦蜘蛛若虫　　　图 3-60 麦蜘蛛成虫

（三）发生规律

麦长腿蜘蛛每年发生 3~4 代，麦圆蜘蛛每年发生 2~3 代，两者都是以成、若虫和卵在植株根际、杂草上或土缝中越冬，翌年 2

月中旬成虫开始活动，越冬卵孵化，3月中旬至4月上旬虫口密度迅速增大，危害加重，5月中下旬，成虫数量急剧下降，以卵越夏。越夏卵10月上中旬陆续孵化，在小麦幼苗上繁殖危害，喜潮湿，多在8：00～9：00以前和16：00~17：00以后活动危害，12月以后若虫减少，越冬卵增多，以卵或成虫越冬。

（四）防治方法

1.农业防治　因地制宜采用轮作倒茬，麦收后浅耕灭茬能杀死大量虫体，可有效消灭越夏卵及成虫，减少虫源。合理灌溉灭虫，在麦蜘蛛潜伏期灌水，可使虫体被泥水粘于地表而死。灌水前先扫动麦株，使麦蜘蛛假死落地，随即放水，收效更好。加强田间管理，增强小麦自身抗病虫害能力。及时进行田间除草，以有效减轻其危害。

2.药剂防治　当麦垄单行33 cm有虫200头时防治。可选用药剂为1.8%阿维菌素4 000 ～ 5 000倍液，或15%哒螨灵乳油2 000 ～ 3 000倍液，或50%马拉硫磷乳油2 000倍液喷雾。

三、麦叶蜂

（一）危害特征

麦叶蜂有小麦叶蜂、黄麦叶蜂和大麦叶蜂等3种。麦叶蜂幼虫危害小麦叶片（图3-61），从叶边缘向内咬成缺刻，重者可将叶片吃光。严重发生年份，麦株可被吃成光秆，仅剩麦穗，使麦粒灌浆不足（图3-62），影响产量。

图 3-61　麦叶蜂幼虫危害叶片　　　　图 3-62　麦叶蜂幼虫危害麦穗

（二）形态特征

麦叶蜂（图 3-63），成虫体长 8～9.8 mm，雄蜂体略小，黑色微带蓝光，后胸两侧各有一白斑。翅透明膜质，带有极细的淡黄色斑。胸腹部光滑，散有细刻点。小盾片黑色近三角形，有细稀刻点。卵扁平肾形淡黄色，表面光滑。

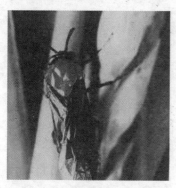

图 3-63　麦叶蜂形态

（三）发生规律

在北方 1 年发生 1 代，4 月上旬至 5 月初是幼虫危害盛期，幼虫有假死性，1～2 龄期危害叶片，3 龄后怕光，白天伏在麦丛中，傍晚后危害，4 龄幼虫食量增大，虫口密度大时，可将麦叶吃光，5 月上、中旬老熟幼虫入土做土茧越夏休眠到 10 月间化蛹越冬。幼虫喜欢潮湿环境，土壤潮湿，麦田湿度大，通风透光差，有利于其发生。

（四）防治方法

1. 农业防治　在种麦前深翻耕，可把土中休眠的幼虫翻出，使其不能正常化蛹，以致死亡。有条件地区实行水旱轮作，进行合理倒茬，可降低虫口密度，减轻该虫危害。利用麦叶蜂幼虫的假死习性，傍晚时进行捕打灌水淹没。

2. 药剂防治　防治标准是每平方米有虫 30 头以上需要用药剂防治。可用 40% 辛硫磷乳油 1 500 倍液喷雾，或 20% 高效氯氰菊酯 2 000～3 000 倍稀释液，或 10% 吡虫啉 3 000～4 000 倍液，每亩喷稀释药液 50～60 kg。

四、小麦黏虫

（一）危害特征

小麦黏虫属鳞翅目夜蛾科。我国除新疆未见报道外，遍布各地。主要危害麦、稻、粟、玉米等禾谷类粮食作物及棉花、豆类、蔬菜等多种植物。以幼虫啃食麦叶而影响小麦产量，大发生时可将作物叶片全部食光，造成严重损失（图 3-64，图 3-65）。具群聚性、迁飞性、杂食性、暴食性，为主要农业害虫之一。

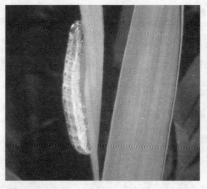

图 3-64　黏虫危害小麦叶　　　　　图 3-65　黏虫危害麦穗

（二）形态特征

黏虫（图 3-66）成虫体长 15～17 mm，老熟幼虫体长 38 mm 左右，以幼虫啃食麦叶而影响小麦产量。幼虫体色由淡绿至浓黑，常因食料和环境不同而有变化甚大；在大发生时背面常呈黑色，腹面淡污色，背中线白色，亚背线与气门上线之间稍带蓝色，气门线与气门下线之间粉红色至灰白色。

（三）发生规律

每年发生世代数各地不一，东北、内蒙古 2～3 代，华北中南部 3～4 代，黄淮流域 4～5 代，长江流域 5～6 代，华南 6～8 代。第一代幼虫多发生在 4～5 月，主要危害小麦。

（四）防治方法

1. 诱杀成虫　利用成虫多在禾谷类作物叶上产卵的习性，自成

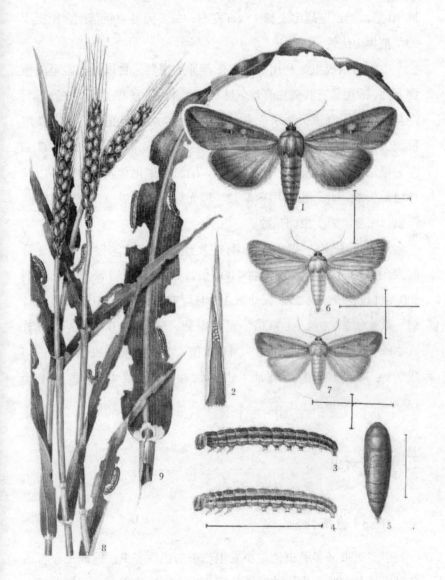

1.成虫，2.卵，3~4.幼虫，5.蛹，6.雌成虫，7.雄成虫，8.被害小麦植株,9.被害叶片

图 3-66　黏虫

虫开始产卵起至产卵盛期末止，在麦田插谷草把或稻草把，每亩地插 10 把，把顶应高出麦株 15 cm 左右，每 5 天更换新草把，把换下的草把集中烧毁。

生物诱杀成虫，利用成虫交配产卵前需要采食以补充能量的生物习性，采用具有其成虫喜欢气味（如性引诱剂等）配制出来的诱饵，配合少量杀虫剂进行诱杀成虫。可以减少 90% 以上的化学农药使用量，大量诱杀成虫能大大减少落卵量及幼虫危害。只需 80 ~ 100 m 左右喷洒一行，大幅减少人工成本，同时减少化学农药对食品以及环境的影响。此外也可用糖醋盆、黑光灯等诱杀成虫，都能有效降低虫口密度，减少虫卵基数。

2. 药剂防治　根据实际调查及预测预报，掌握在幼虫 3 龄前及时喷撒 5% 氟啶脲乳油 4 000 倍，或 20% 灭幼脲 1 号悬浮剂 500 ~ 1 000 倍，或 25% 灭幼脲 3 号悬浮剂 500 ~ 1 000 倍，或 40% 菊·杀乳油 2 000 ~ 3 000 倍，或 40% 菊·马乳油 2 000 ~ 3 000 倍，或 20% 氰戊菊酯乳油 2 000 ~ 4 000 倍，或茼蒿素杀虫剂 500 倍，或 2.5% 高效氯氰菊酯乳油 1 500 ~ 2 000 倍，或 4% 高氯甲维盐 1 000 ~ 1 500 倍。

五、小麦蚜虫

（一）危害特征

小麦蚜虫又名腻虫，是小麦生产中的主要害虫，以成虫、若虫刺吸麦株茎、叶和嫩穗的汁液危害小麦（直接危害），再加上蚜虫排出的蜜露，落在麦叶片上（图 3–67），严重地影响光合作用（间接危害）。前期危害可造成麦苗发黄，影响生长，后期被害部分出现黄色小斑点，麦叶逐渐发黄，麦粒不饱满（图3-68），严重时麦穗枯白，不能结实，甚至整株枯死，严重影响小麦产量。

图3-67　小麦蚜虫危害叶片　　　图3-68　小麦蚜虫危害麦穗

（二）形态特征

小麦蚜虫（图3-69）在适宜的环境条件下，都以无翅型孤雌胎

图3-69　小麦麦蚜

生若蚜生活。在营养不足、环境恶化或虫群密度大时，则产生有翅型迁飞扩散，但仍行孤雌胎生。卵翌春孵化为干母，继续产生无翅型或有翅型蚜虫。卵长卵形，长为宽的一倍，约 1 mm，刚产出的卵淡黄色，逐渐加深，5 天左右即呈黑色。干母、无翅雌蚜和雌性蚜，外部形态基本相同，只是雌性蚜在腹部末端可看出产卵管。雄性蚜和有翅胎生蚜外部形态亦相似，除具性器外，一般个体稍小。

（三）发生规律

小麦蚜虫的越冬虫态及场所均依各地气候条件而不同，南方无越冬期，北方麦区、黄河流域麦区以无翅胎生雌蚜在麦株基部叶丛或土缝内越立，北部较寒冷的麦区，多以卵在麦苗枯叶上、杂草上、茬管中、土缝内越冬，而且越向北，以卵越冬率越高。从发生时间上看，麦二叉蚜早于麦长管蚜，麦长管蚜一般到小麦拔节后才逐渐加重。

麦蚜为间歇性猖獗发生，这与气候条件密切相关。麦长管蚜喜中温不耐高温，要求空气相对湿度为 40%～80%，而麦二叉蚜则耐 30℃的高温，喜干怕湿，空气相对湿度 35%～67% 为适宜。一般早播麦田，蚜虫迁入早，繁殖快，危害重；夏秋作物的种类和面积直接关系麦蚜的越夏和繁殖。

（四）防治方法

1. 农业防治　主要采用合理布局作物，冬、春麦混种区尽量使其单一化，秋季作物尽可能为玉米和谷子等；选择一些抗虫耐病的小麦品种，造成不良的食物条件，抑制或减轻蚜虫发生；冬麦适当晚播，实行冬灌，早春耙耱镇压，减少前期虫源基数。

2. 药剂防治　主要防治穗期蚜虫，抽穗后当蚜株率超过 30%，百株蚜量超过 1 000 头，瓢蚜比小于 1 ∶ 150 就要及时防治。每亩用 4.5% 高效氯氰菊酯可湿性粉剂 30 ~ 60 mL，10% 吡虫啉可湿性粉剂 15 ~ 20 g，50% 抗蚜威可湿性粉剂 10 ~ 15 g，40% 氧乐果乳油 80 ~ 100 mL，上述农药中任选一种，对水 30 kg 喷雾。在上午露水干后或 16∶00 以后均匀喷雾，防治效果均较好。如发生较严重，还可用吡蚜酮、氟啶虫胺腈、啶虫脒等防治。

六、麦茎谷蛾

麦茎谷蛾，俗称麦螟、钻心虫、蛀茎虫，属鳞翅目夜蛾科。在北方麦区均有发生，造成枯心和死穗，影响产量。

（一）危害特征

麦茎谷蛾一年发生 1 代，以低龄幼虫在麦苗心叶中越冬。返青后幼虫开始在心叶钻蛀危害，拔节期造成小麦心叶残缺、扭曲或枯心。抽穗期危害加重，幼虫钻蛀茎节，蛀食穗节基部形成白穗 (图 3–70)。一头幼虫可转移危害 2 ~ 3 株小麦。

图 3–70　麦茎谷蛾在成株期造成白穗

（二）形态特征

麦茎谷蛾成虫（图3-71）体长5.9~7.9 mm，翅展10.4~13.5 mm。全身密布鳞片，头顶密布灰黄色长毛，触角丝状。前翅灰褐色，上有2~3条深褐色斑块，外缘有灰褐色细毛；后翅黑灰色，沿前缘有白色剑状斑，外缘与后缘有灰白色缘毛。腹部粗肥，背面第五节白色，其余黑色，腹面黄褐色。麦茎谷蛾初孵幼虫乳白色，2龄以后为黄白色，老熟幼虫（图3-72）体长10.5~15.2 mm，细长圆筒形。前胸及腹部各节的气孔周围均具黑斑。第十腹节背面有4个横列的小黑点，末节臀板上有6根刚毛。蛹为纺锤形，长7~10.5 mm，初为黄白色，羽化前为黄褐色，腹端有6根短刺。

图3-71　麦茎谷蛾成虫

图3-72　麦茎谷蛾幼虫

（三）发生规律

5月上中旬幼虫老熟，在旗叶或倒2叶叶鞘内结成白色网状虫茧化蛹，蛹期20天。5月下旬至6月上旬小麦成熟期蛹羽化，6月中旬成虫盛发。成虫有假死性，中午前后最为活跃，下午飞到隐蔽场所。潜藏在屋檐、墙缝、草垛和老树皮内越夏，秋季飞到麦田产卵，邻近村庄的麦田发生重。

（四）防治方法

1. 药剂防治　拔节期用 80% 敌敌畏乳油 1 500 倍液，或 50% 辛硫磷乳油 1 500 ~ 2 000 倍液或 90% 敌百虫原药 1 000 倍液喷雾。

2. 人工防治　成株期发现麦茎谷蛾危害造成的枯白穗，剪除倒 2 叶以上的枯白穗部分，带出田外烧毁或深埋，减少虫源，减轻翌年危害。

七、地下害虫

麦田常见地下害虫有蛴螬、金针虫、蝼蛄，危害方式是咬食嫩芽、幼苗、植株根颈，造成缺苗断垄。近年来由于秸秆还田、简化栽培、少耕、免耕等耕作制度的改变，拌种药剂单调等原因，地下害虫的种群数量回升、危害普遍加重，尤其是金针虫、蛴螬在部分地区重度发生。

（一）危害特征

1. 蛴螬　蛴螬（图 3-73）是多种金龟子的幼虫，其种类最多、危害重、分布广，成为危害小麦的主要地下害虫之一。为杂食性，几乎危害所有的大田作物、蔬菜、果树等，主要种类有铜绿金龟、大黑鳃金龟、暗黑鳃金龟、黄褐丽金龟等。幼虫危害麦苗地下分蘖节处，咬断根茎使苗枯死，危害时期有秋季 9 ~ 11 月和春季 4 ~ 5 月两个高峰期。蛴螬防治指标：蛴螬 3 头 /m² 及以上。

图 3-73　蛴螬

2. 金针虫　又称沟叩头虫, 主要有沟金针虫和细胸金针虫 2 大类。以幼虫咬（取）食种子、幼芽和根茎, 可钻入种子、根茎相交处或地下茎中, 被害处不整齐呈乱麻状, 形成枯心苗以致全株枯死（图 3-74）。防治指标: 金针虫 3 ~ 5 头 /m² 及以上, 春季麦苗被害率 3% 及以上。

图 3-74　金针虫

3. 蝼蛄　常见的种类主要有非洲蝼蛄和华北蝼蛄，蝼蛄几乎危害所有大田作物、蔬菜，危害小麦是从播种开始直到第二年小麦乳熟期，春秋季危害小麦幼苗，以成虫或若虫（图 3-75）咬食发芽种子和咬断幼根嫩茎，经常咬成乱麻状使麦苗萎蔫、枯死，并在土表穿行活动钻成隧道（图 3-76），使种子、幼苗根系与土壤脱离不能萌发、生长，或根土若分若离进而枯死，出现缺苗断垄、点片死株，危害重者造成毁种重播。蝼蛄防治指标：0.3 ～ 0.5 头 /m^2 及以上。

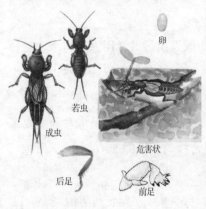

卵

若虫

成虫

危害状

后足

前足

图 3-75　蝼蛄

图 3-76　蝼蛄在麦田的隧道，造成多行小麦受损

（二）防治方法

1. 农业防治　地下害虫尤以杂草丛生、耕作粗放的地区发生重而多。采用一系列农业技术措施，如精耕细作、轮作倒茬、秸秆还田结合深耕深翻整地，施用充分腐熟的有机肥，适时中耕除草、合理灌水等均可压低虫口密度，减轻危害。

2.药剂防治

（1）**土壤处理** 为减少土壤污染和避免杀伤天敌，应提倡局部施药和施用颗粒剂。在多种地下害虫、吸浆虫混发区或单独严重发生区，可每亩用3%辛硫磷颗粒剂2~3 kg犁地前均匀撒施地表，或50%辛硫磷乳油250~300 mL，对水30~40 kg犁地前均匀喷洒于地表，或50%辛硫磷乳油250 mL，对水1~2 kg，拌细土20~25 kg配成毒土撒入田间，或5%甲基异柳磷颗粒剂1.5~2 kg均匀撒入麦田，随犁耙地翻入上中。

（2）**药剂拌种** 对地下害虫一般发生区，常用农药与水、麦种的比例为40%甲基异柳磷乳油按1∶100∶1 000（农药∶水∶种子）拌种，50%辛硫磷乳油时按1∶70∶700（农药∶水∶种子）拌种，对地下害虫均有良好的防治效果，并能兼治田鼠。先将农药按要求比例加水稀释成药液，再与种子混合拌匀，堆闷5~6小时，摊晾后即可播种。

（3）**小麦出苗后** 当死苗率达到3%时，立即施药防治。撒毒土：每亩用5%辛硫磷颗粒剂2 kg，或3%辛硫磷颗粒剂3~4 kg，或2%甲基异柳磷粉剂2 kg，对细土30~40 kg，拌匀后开沟施，或顺垄撒施，可以有效地防治蛴螬和金针虫；撒毒饵：用麦麸或饼粉5 kg，炒香后加入适量水和40%甲基异柳磷拌匀后于傍晚撒在田间，每亩2~3 kg，对蝼蛄的防治效果可达90%以上。

（4）**灌根** 可用40%甲基异柳磷50~75 g，对水50~75 kg，从16∶00开始灌在麦苗根部，杀虫率达90%以上，兼治蛴螬和金针虫。

八、小麦吸浆虫

（一）危害特征

小麦吸浆虫常见的有麦红吸浆虫、麦黄吸浆虫 2 种。黄淮流域以麦红吸浆虫为主，麦黄吸浆虫少有发生。该虫幼虫潜伏在颖壳内吸食正在灌浆的麦粒汁液（图 3-77），其生长势和穗型不受影响，由于麦粒被吸空、麦秆表现直立不倒，具有假旺盛的长势。受害麦粒变瘦（图 3-78），甚至成空壳，出现"千斤的长势，几百斤甚至几十斤产量"的残局。吸浆虫对小麦产量具有毁灭性，一般可造成 10%～30% 的减产，严重的达 70% 以上，甚至绝收。

图 3-77　小麦吸浆虫危害麦穗　　图 3-78　受害小麦成熟症状

（二）形态特征

麦红吸浆虫雌成虫体长 2～2.5 mm，翅展 5 mm 左右，体橘红色（图 3-79）。前翅透明，有 4 条发达翅脉，后翅退化为平衡棍。触角细长，14 节，雄虫每节中部收缩使各节呈葫芦结状，膨大部分各生一圈长环状毛。雌虫触角呈念珠状，上生一圈短环状毛。雄虫体长 2 mm 左右。

卵长 0.09 mm，长圆形，浅红色。幼虫体长 3～3.5 mm，椭圆形，橙黄色（图3-80），头小，无足，蛆形，前胸腹面有 1 个 "Y" 形剑骨片，前端分叉，凹陷深。蛹长 2 mm，裸蛹，橙褐色，头前方具白色短毛 2 根和长呼吸管 1 对。

麦黄吸浆虫，雌体长 2 mm 左右，体鲜黄色。卵长 0.29 mm，香蕉形。幼虫体长 2～2.5 mm，黄绿色或姜黄色，体表光滑，前胸腹面有剑骨片，剑骨片前端呈弧形浅裂，腹末端生突起 2 个。蛹鲜黄色，头端有 1 对较长毛。

图 3-79　小麦吸浆虫成虫

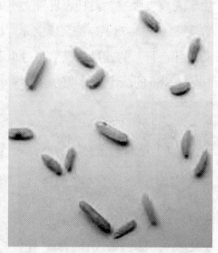

图 3-80　小麦吸浆虫幼虫

（三）发生规律

麦红吸浆虫在每年发生 1 代，但幼虫有多年休眠习性，因此也有多年 1 代的可能。以幼虫在土中结圆茧越夏越冬，越冬幼虫 3～4 月化蛹，4 月下旬成虫羽化，产卵于未扬花的颖壳内，幼虫吸食正在灌浆的麦粒汁液，5 月下旬入土越夏。

（四）防治方法

1. 农业防治　施足基肥，春季少施化肥，使小麦生长发育整齐健壮。

2. 药剂防治

（1）**幼虫期防治**　在小麦播种前撒毒土防治土中幼虫，于播前整地时进行土壤处理。用 2.5% 甲基异柳磷颗粒剂 1.5～2 kg／亩加 20 kg 干细土，拌匀制成毒土撒施在地表。

（2）**蛹期防治**　蛹期防治是在小麦孕穗期进行，是防治该虫的关键时期。可用 40% 甲基异柳磷乳油，或 50% 辛硫磷乳油 150 mL/亩，或 48% 毒死蜱乳油 100～125 mL/亩，或 50% 倍硫磷乳油 75 mL/亩，或 2.5% 甲基异柳磷颗粒剂 1.5～2 kg/亩加 20 kg 细土制成毒土，均匀撒在地表，然后进行锄地，把毒土混入表土层中，如施药后灌一次水，效果更好。

（3）**成虫期防治**　小麦齐穗期期也可结合防治麦蚜，喷施 40% 乐果乳油，或 80% 敌敌畏乳油 100 mL/亩，或 50% 马拉硫磷乳油 35 mL/亩，或 4.5% 氯氰菊酯乳油 40 mL/亩，或 2.5% 溴氰菊酯乳油，或 20% 氰戊菊酯乳油 2 000 倍液防治成虫等。该虫卵期较长，发生严重时可连续防治 2 次。

九、小麦潜叶蝇

小麦潜叶蝇广泛分布于我国小麦产区，包括小麦黑潜叶蝇、小麦黑斑潜叶蝇、麦水蝇等多种，以小麦黑潜叶蝇较为常见，华北、西北麦区局部密度较高。

（一）危害特征

小麦潜叶蝇以雌成虫产卵器刺破小麦叶片表皮产卵及幼虫潜食叶肉危害。雌成虫产卵器在小麦第一、第二片叶中上部叶肉内产卵，形成一行行淡褐色针孔状斑点；卵孵化成幼虫后潜食叶肉危害（图3-81，图3-82），潜痕呈袋状，其内可见蛆虫及虫粪，造成小麦叶片半段干枯。一般年份小麦被害株率5%~10%，严重田小麦被害株率超过40%，严重影响小麦的生长发育。

图3-81　潜叶蝇危害的叶肉　　　　图3-82　潜叶蝇危害的叶尖

（二）形态特征

小麦黑潜叶蝇成虫（图3-83）体长2.2~3 mm，黑色小蝇类。头部半球形，间额褐色，前端向前显著突出。复眼及触角1~3节黑褐色。前翅膜质透明，前缘密生黑色粗毛，后缘密生淡色细毛，平衡棒的柄为褐色，端部球形白色。幼虫（图3-84）长3~4 mm，乳白色或淡黄色，蛆状。蛹长3 mm，初化时为黄色，背呈弧形，腹面较直。

图 3-83　小麦黑潜叶蝇成虫

图 3-84　小麦黑潜叶蝇幼虫

（三）发生规律

　　小麦黑潜叶蝇一般年份 1 年发生 1~2 代，以蛹在土中越冬，春小麦出苗期和冬小麦返青期羽化出土，先在油菜等植物上吸食花蜜补充营养，后在小麦叶子顶端产卵，孵化潜食小麦叶肉；幼虫约 10 天老熟，爬出叶外入土化蛹越冬。冬小麦返青早、长势好的田块，成虫产卵量大，危害重。小麦黑斑潜叶蝇发生世代不详，幼虫潜道细窄，老熟幼虫从虫道中爬出，附着在叶表化蛹和羽化，与小麦黑潜叶蝇在土中化蛹显著不同（图 3-85，图 3-86）。麦水蝇在小麦生长发育期发生 2 代，以蛹或老熟幼虫在小麦叶鞘内越冬，翌年春季羽化，先在油菜上吸食花蜜补充营养，后交尾产卵，孵化后即蛀入叶内取食叶肉，潜道呈细长直线，幼虫龄期增大后，蛀入叶鞘危害。

图 3-85　正在羽化的小麦黑潜叶蝇

图 3-86　小麦黑潜叶蝇化成蛹

（四）防治方法

1. 农业防治　清洁田园，深翻土壤。冬麦区及时浇封冻水，杀灭土壤中的蛹。加强田间管理，科学配方施肥，增强小麦抗逆性。

2. 化学防治　以成虫防治为主，幼虫防治为辅。

（1）成虫防治　小麦出苗后和返青前，用2.5%溴氰菊酯乳油或20%甲氰菊酯乳油2 000～3 000倍液，均匀喷雾防治。

（2）幼虫防治　发生初期，用1.8%阿维菌素乳油3 000～5 000倍液，或4.5%高效氯氰菊酯乳油1 500～2 000倍液，或用20%阿维·杀虫单微乳剂1 000～2 000倍液，或用45%毒死蜱乳油1 000倍液，或用0.4%阿维·苦参碱水乳剂1 000倍液，喷雾防治。

第四章　大田小麦除草技术

大田小麦常见杂草

一、雀麦

雀麦，越年生或一年生杂草，与小麦同期出苗。幼苗期（图 4-1）茎基部淡绿色或淡紫红色。叶片细线形，前端尖锐，且有白色茸毛，叶缘茸毛顺生。成株期茎直立，丛生。叶鞘有白色茸毛。叶片为条形，叶两面都有白色茸毛。穗披散，有分枝，细弱。小穗初期圆筒状，成熟后扁平（图 4-2）；籽粒扁平，纺锤形，基部尖。

图 4-1　雀麦苗期

图 4-2　雀麦穗

二、节节麦

节节麦，又名粗山羊草，世界性恶性杂草，与小麦的亲缘关系很近。越年生或一年生草本植物，禾本科山羊草属。种子繁殖（图 4-3），9～10 月出苗（图 4-4），株高 40～90 cm（图 4-5），花果期 5～6 月，成熟落粒（图 4-6），危害严重。多生于荒芜草地或麦田中。

图 4-3　混杂在小麦种子中的节节麦
　　　　种子

图 4-4　节节麦幼苗

图 4-5 节节麦生长期形态特征

图 4-6 节节麦成熟期形态特征

三、野燕麦

野燕麦，又名燕麦草、铃铛麦（图 4-7），禾本科燕麦属一年生或越年生旱地杂草，株高 60~100 cm，以种子繁殖。种子休眠 2~3个月后陆续具有发芽能力。适宜的发芽温度为 10~20℃，春麦区野燕麦早春发芽，成熟期 7~8 月。冬麦区秋季发芽，4~5 月抽穗开发，5~6 月颖果成熟落粒。主要危害小麦、大麦、燕麦、青稞、油菜、豌豆等作物（图 4-8）。

图 4-7 野燕麦苗期

图 4-8 野燕麦田间危害状

四、狗尾草

狗尾草，别名狗尾巴草、绿狗尾草。春季出苗。幼苗期叶片披针形（图4-9），无毛。成株期茎秆直立或基部曲膝状，有分枝，叶片线条状披针形，顶端尖，基部圆。叶鞘光滑，叶舌退化为毛状。穗顶生，圆锥花序，近圆柱形，顶部稍尖。穗上生有绿色或紫色的刚毛（图4-10），小穗椭圆形，籽粒圆形。

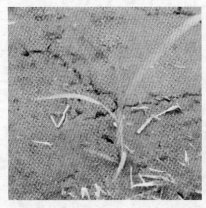 

图4-9 狗尾草苗期　　　　图4-10 狗尾草穗

五、播娘蒿

播娘蒿，又名麦蒿，十字花科播娘蒿属一年生或越年生旱地杂草，株高30～137 cm，种子繁殖。冬麦区播娘蒿麦播后陆续出苗（图4-11），10月为出苗高峰。幼苗越冬。翌年早春气温回升还有部分种子发芽。花果期4～6月，种子成熟后角果易裂落粒，也可与麦穗一起被收获，混于麦粒中。生于麦田、油菜地、果园、菜地及渠边路旁等地（图4-12）。

图4-11　播娘蒿

图4-12　播娘蒿田间危害状

六、麦家公

麦家公，又名田紫草、毛妮菜等，紫草科紫草属越年生或一年生草本植物，株高30～50 cm（图4-13）。喜湿润，种子繁殖。秋天发芽为主，少数早春出苗。花果3～5月，麦收前成熟。种子落地或混于小麦等谷物中，也可黏附于人畜、机械上传播。生于麦田、油菜地、果园、菜地、渠边、荒坡及路旁（图4-14）。

图4-13　麦家公成株

图4-14　麦家公田间危害状

七、藜

藜，又名灰灰菜（图4-15），藜科藜属越年、一年、一年两季生草本植物，以一年生为主，株高20~50 cm，种子繁殖，以幼苗或种子越冬。早春萌发，花期3~5月，果期4~6月。适生于湿润具轻度盐碱的沙性壤土上。生于麦田、油菜田、荒地、路旁及山坡（图4-16）。

图4-15　藜　　　　　　　　　　图4-16　藜田间危害状

八、米瓦罐

米瓦罐，又名麦瓶草、面条子棵、麦瓶子、麦黄菜等，石竹科蝇子草属越年生或一年生草本，株高30~80 cm（图4-17），种子繁殖，以幼苗或种子越冬。黄河中下游9~10月出苗，早春出苗数量较少；花期4~6月，种子于5月即渐次成熟。生于麦田、油菜地、果园、菜地及路旁（图4-18）。

图 4-17　米瓦罐

图 4-18　米瓦罐田间危害状

九、猪殃殃

猪殃殃，又名拉拉藤、黏草等，茜草科猪殃殃属一年生或越年生杂草。成株多自基部分枝（图 4-19），长 30～100 cm，4 棱，棱上有倒生小刺。种子繁殖，坚果近球形具钩刺。温暖的秋天发芽最多，少量早春发芽。5 月中下旬果实落入土中或混于麦粒中，休眠期数月。生于麦田、果园、菜地及休闲地（图 4-20）。

图 4-19　猪殃殃成株

图 4-20　猪殃殃田间危害状

十、蜡烛草

蜡烛草，又名鬼蜡烛、假看麦娘等，禾本科梯牧草属越年生或一年生草本植物，株高 20 ~ 60 cm（图 4-21），种子繁殖。我国主要分布于长江流域和黄河流域。喜温暖、湿润的气候，抗旱能力较差。10 月出苗，花果期 5 ~ 6 月。在潮湿的壤土或黏土中生长最为茂盛，耐洼地水湿，不耐盐碱。生于潮湿麦田（图 4-22）、渠边、河滩等湿地。

图 4-21　蜡烛草苗期　　　　图 4-22　蜡烛草田间危害状

十一、王不留行

王不留行（图 4-23），又名麦蓝菜、奶米、大麦牛、马不留等，石竹科麦蓝菜属，以种子繁殖。秋季 10 ~ 11 月出苗，早春有少数出苗，种子及幼苗越冬，花果期 4 ~ 5 月。生于麦田、油菜田、果园及菜地（图 4-24）。

图 4-23　王不留行　　　　图 4-24　王不留行田间危害状

十二、看麦娘

　　看麦娘，又名麦娘娘、棒槌草，禾本科看麦娘属一年生或越年生旱地杂草，株高 20～50 cm（图 4-25），以种子繁殖。种子休眠期 3～6 月，越夏后即可发芽。小麦播种一周后，看麦娘陆续发芽，在麦田越冬。翌年 2 月返青拔节后抽穗，4~5 月成熟并落粒于土中，也可随水流传播。主要危害小麦、油菜（图 4-26）。

图 4-25　看麦娘　　　　图 4-26　看麦娘田间危害状

十三、荠菜

荠菜，又名地丁菜、护生草、地菜等，十字花科荠菜属一年生或越年生杂草，株高 20～50 cm（图 4-27），主要以种子繁殖。黄河、长江流域 10 月为出苗高峰。荠菜性喜温和，耐寒力强，幼苗越冬。早春返青后陆续抽薹开花，翌年早春气温回升还有部分种子发芽，花果期 4～6 月，种子成熟后角果易裂落粒，初夏成熟落粒。生于麦田、油菜地、果园、菜地及路旁（图 4-28）。

图 4-27　荠菜成株　　　　　图 4-28　荠菜田间危害状

十四、芦苇

芦苇，又名苇子、芦柴、芦头，以地下根状茎或种子繁殖。茎秆直立（图 4-29），中空，多节，节下常常生有白色粉状物。叶鞘无毛或被细毛，叶舌短有毛；叶片长条形，粗糙，前端尖（图 4-30）。穗顶生，圆锥形花序，分枝稠密；小穗上着生小花 4～7 朵，基部具长 6～12 mm 丝状白色柔毛。根状茎发达，有节，繁殖力强。

图 4-29　芦苇苗期　　　　　　　　图 4-30　麦田中的芦苇

十五、葎草

葎草（图 4-31），又称涩拉秧、五爪龙、锯锯藤、拉拉藤、割人藤、拉拉秧、涩涩秧等；荨麻目桑科葎草属多年生或一年生茎蔓草本植物。茎蔓长 5~8 m，茎粗糙，具倒钩刺。种子繁殖。3~4 月出苗，花果期 6~9 月。生于麦田、果园、大豆、玉米、及荒地、废墟、林缘、沟边等地（图 4-32）。

图 4-31　葎草苗期　　　　　　　　图 4-32　葎草田间危害状

十六、打碗花

打碗花，又名打碗碗花、小旋花、面根藤、狗儿蔓等，旋花科打碗花属多年生藤本植物，以根芽和种子繁殖。田间以无性繁殖为主，地下茎质脆易断，每个带节的断体都能长出新的植株。华北地区10月部分出苗，以4~5月出苗为主，花期7~9月，果期8~10月。长江流域3~4月出苗，花果期5~7月。生于麦田、秋作物田、果园、菜地、地边、渠旁和荒地（图4-33，图4-34）。

图4-33　打碗花苗期　　　　　图4-34　打碗花田间危害状

十七、离蕊芥

离蕊芥（图4-35），又名千果草、涩荠菜、涩芥、水萝卜棵等，十字花科离蕊芥属。全株密生星状硬毛，茎基部分枝。基生叶有柄。株高10~50 cm，种子繁殖。10月出苗，花果期4~5月。生于麦田、果园、菜田渠边路旁（图4-36）。

图 4-35　离蕊芥

图 4-36　离蕊芥田间危害状

十八、牛繁缕

牛繁缕（图 4-37），又名鹅儿汤、鹅汤菜等，石竹科鹅汤草属越年生或一年杂草，种子或匍匐茎繁殖。8 月至翌年 3 月出苗，花果期 4～6 月。分布于我国多数省区，主要危害麦田、油菜、棉花、蔬菜，尤其是稻茬麦田危害更重（图 4-38）。也长于果园及路边，常与猪殃殃、看麦娘等混生。

图 4-37　牛繁缕

图 4-38　牛繁缕田间危害状

十九、小蓟

小蓟（图4-39），又名刺儿菜、青青草、蓟蓟草、刺狗牙、刺蓟、枪刀菜、小蓟草，菊科蓟属多年生草本植物，株高10～20 cm。地下部分常大于地上部分，有长根茎。近全缘或有疏锯齿，无叶柄。种子、根茎繁殖。10月出苗，冬季地上枯死，翌年3月中下旬出苗。花果期4～5月。生于麦田、秋田、果园、菜地、路边、渠旁、林地及休闲地（图4-40）。

图4-39　小蓟　　　　　　　图4-40　小蓟田间危害状

二十、大蓟

大蓟（图4-41），又名大刺儿菜，菊科蓟属多年生草本植物，株高50～100 cm。地下部分常大于地上部分，有长根茎。叶片边缘锯齿，叶长15～30 cm。种子、根茎繁殖。4～5月出苗。花果期6～8月。生于麦田、玉米田、大豆田、甘薯地、果园、菜地、路边、山坡、草地、渠旁、林地及休闲地（图4-42）。

图 4-41　大蓟　　　　　　　　　　图 4-42　大蓟田间危害状

第二节

大田小麦杂草的综合防除

麦田除草应贯彻"预防为主，综合防除"的策略。采取简便有效的措施，把杂草控制在经济允许水平以内。大田小麦杂草防除主要采取农业防除和化学防除。

一、农业防除

农业防除主要包括下列方法：

（一）选种

要精选种子，播种洁净麦种。杂草种子可以夹杂在小麦种子间进入田间，或随麦种调运而远距离传播。清除混杂在作物种子中的杂草种子，是一种经济有效的方法。种子公司和良种繁育单位要建立无杂草种子繁育基地，要通过圃选、穗选、粒选，选留纯净种子。在种子加工时或播种前，要根据杂草种子的特点，采取风选、筛选、盐水选、泥水选等方法汰除草籽。对于毒麦等检疫性杂草，更要采取检疫措施，杜绝随麦种调运而人为传播。

（二）轮作

轮作是防止伴生杂草、寄生性杂草的有效措施。北方麦区要改变小麦重茬现象，实行轮作，特别是与水稻轮作，可将田旋花、莎草、刺儿菜和苣荬菜等多年生杂草的地下根茎淹死，除草效果很好。

南方可推广稻麦轮作、麦田改种水稻，连茬种植水稻2年后，可基本上控制麦田杂草的危害。

密植作物小麦与玉米、向日葵等中耕作物轮作，可通过中耕来灭除当年生的野燕麦。野燕麦严重地块还可种植绿肥或苜蓿，通过刈割防除野燕麦。小麦也可与油菜、棉花等阔叶作物轮作2~3年。轮作换茬要注意预防长残留除草剂的残留药害。

（三）深翻

深翻对多年生杂草有显著的防除效果，播前整地、播后耙地、苗期中耕可以有效地控制前期杂草。按深翻的季节可分为春翻、伏翻和秋翻。

1. 春翻　春翻是指从土壤解冻到春播前一段时间内的耕翻地作业，能有效地消灭越冬杂草和早春出苗的杂草，也将上年散落土表的杂草种子翻埋于土壤深层。春翻深度应适当浅一些，防止把原来埋在土壤深层中的杂草种子翻到地表，以致当年大量发芽出苗。

2. 伏翻　伏翻是在小麦等夏收作物的茬地，于 6 ~ 8 月进行的耕翻作业。此时气温较高，雨水较多，北方地区杂草均可萌发出苗，南方地区的杂草正在生长季节，伏翻灭草效果好，特别是对多年生以根茎繁殖的芦苇、三棱草和田旋花等，深耕能将其根茎切断翻出地表，经日晒后根茎死亡。西北地区在麦收后耕翻 2 ~ 3 次，南方多进行浅翻、耙地，既灭草保苗，又有利于抢季节播种。

3. 秋翻　秋翻是指 9 ~ 10 月，在玉米、棉花等秋作物收获后在茬地上进行的耕翻作业，主要消灭春、夏季出苗的残草、越冬杂草和多年生杂草。在冬麦播前翻耕 20 ~ 30 cm，可将野燕麦籽深埋地下，第二年基本无野燕麦。

（四）中耕

在小麦冬前苗期和早春返青、起身期进行田间中耕，可疏松土壤，提温保墒，既有利于小麦生长，又可除掉一部分杂草。

在推广少耕法的地方，需采用耕作与化学除草相配合的措施控制杂草，否则会造成严重的草害。前茬收获后耙茬，可使杂草种子留在地表浅土层中，增加出苗的机会，在杂草大部分出土后，可通过耕作或化学除草集中防除。

（五）科学施用有机肥

农村常用枯草、植物残体、秸秆、粮油加工的下脚料、畜禽粪便等堆肥沤肥，混有很多杂草种子，农家肥料必须经过 50 ~ 70℃ 高温堆沤处理，充分腐熟，杀死杂草种子后，方能还田施用。

（六）早播和合理密植

麦苗可比野燕麦早出苗 3～5 天，对野燕麦有一定抑制作用。合理密植能提早封行，抑制杂草的生长，达到以密控草的效果。

（七）人工除草

田边、路边、沟边、渠埂的杂草可以通过地下根茎的生长进入田间，还可以通过农事操作、牲畜、风力、灌溉水带入田间，因而须及时清除。农机具，特别是跨区作业的大型机具，可以传带杂草种子，需在作业之后或转场之前进行清理。在冬前和春季分别进行人工拔草、锄草，是防治小麦禾本科杂草的有效方法。冬季在小麦三叶一心后，春季在小麦起身到拔节期拔除，连拔 2～3 年即可。

二、化学防除

（一）麦田化学除草的方法

麦田化学除草主要有土壤封闭处理和选择性茎叶处理两种方式。其中土壤封闭处理是指在播种后出苗前将药剂均匀施于土壤表面，控制杂草的出苗危害，目前在北方麦区很少使用。选择性茎叶处理是根据田间已出苗的杂草主要种类和数量，选择相应的一种或几种除草剂进行防除。

1. 麦田秋季杂草防除　麦田杂草包括一年生、越年生和多年生杂草，其中以越年生杂草为主，小麦出苗至越冬前杂草有一个出苗高峰，出苗杂草数量要占麦田杂草总量的 90% 以上。冬前杂草处于幼苗期，植株小，根系少，组织幼嫩，对除草剂敏感，而且麦苗个体小，对杂草遮掩少，是防除的有利时机。另外，此时用药还可以减少残效期较长的除草剂对下茬作物产生药害。因此，麦田提倡秋季除草。

（1）**防除时期**　小麦三叶期以前苗龄较小容易出现药害，杂草五叶期以后，抗药性明显增强，因此杂草防除应掌握在小麦三叶期以后、杂草二至四叶期进行，具体时间应根据各地温度和草情而定。

（2）**防除对象**　冬前出苗的阔叶杂草，如播娘蒿、荠菜、米瓦罐、猪殃殃、麦家公、藜等；禾本科杂草如雀麦、节节麦、看麦娘、野燕麦等。其中与小麦同科又同期出苗的禾本科杂草，幼苗生长时间、形态相近，很难区别。

（3）**技术要点**　根据杂草幼苗形态特征，确定施药麦田中杂草的优势种群及对小麦危害严重的主要种类，选择相应的除草剂单用或混用。

为了一次用药达到全季控制草害的目的，可适当推迟施药期，待冬前杂草大部分出苗后再防除，但白天气温不能低于 10℃，以保证药效的正常发挥。

以阔叶杂草为主的麦田，可用二甲四氯钠、苯磺隆、唑草酮、噻吩磺隆、溴苯腈、异丙隆等除草剂。以播娘蒿、荠菜、藜为主的麦田，每亩用 10% 苯磺隆可湿性粉剂 10 g，或 13% 二甲四氯钠水剂 300～400 mL，对水 30 L 均匀喷雾。麦田麦家公、猪殃殃和米瓦罐危害比较严重时，每亩可用 40% 唑草酮水分散粒剂 2 g 加 10% 苯磺隆可湿性粉剂 8 g，或 36% 唑草·苯磺隆可湿性粉剂防除。

以禾本科杂草为主的麦田，根据具体种类可用氟唑磺隆、甲基二磺隆等防除。

以节节麦为主要杂草的麦田，每亩用3%甲基二磺隆油悬剂20~30 mL加10%苯磺隆可湿性粉剂10 g防除，严格控制用量，避免产生药害。以野燕麦为主要杂草的麦田，每亩用70%氟唑磺隆水分散粒剂3~4 g加10%苯磺隆可湿性粉剂10 g，对水30 L喷雾。以雀麦为主要杂草的麦田，每亩用3%甲基二磺隆油悬剂20~30 mL，或70%氟唑磺隆水分散粒剂3~4 g＋防除阔叶杂草的10%苯磺隆可湿性粉剂10 g等除草剂，对水30 L喷雾。以看麦娘为主要杂草的麦田，每亩用6.9%精噁唑禾草灵水乳剂40~60 mL或3%甲基二磺隆油悬剂或70%氟唑磺隆水分散粒剂＋防阔叶杂草的苯磺隆等除草剂防除。

2.麦田春季杂草防除

小麦返青后，有少部分越冬生、一年生和多年生杂草出苗，形成春季出苗高峰，在数量上仍以冬前出苗的杂草占绝对优势。对于冬前没能及时施药的麦田，或除草不彻底杂草危害仍然较重的麦田，应抓住这一时期防除。发生禾本科杂草的麦田，春季除草虽然不能杀灭，但除草剂仍然能够抑制杂草的分蘖和生长，降低杂草对小麦的危害。具体防除措施同秋季杂草防除技术。但应注意，春季麦田杂草防除应在小麦返青后拔节前进行，为了提高防除效果，应尽早施药；小麦拔节后不宜施药，否则容易产生药害。在除草剂选择上，尽量使用残效期较短的除草剂，避免对下茬敏感作物产生药害。

（二）麦田化学除草的注意事项

1.正确选择药剂　使用前应详细了解麦田主要杂草的类型、种类和数量，选择相应的除草剂，特别是禾本科杂草一定要选择针对性强的除草剂。每一种除草剂都有一定的杀草谱，有的杀草谱可能很窄，如野麦畏只能防除野燕麦，甲基二磺隆对禾本科杂草的防效很好，但对阔叶杂草的防效一般，二甲四氯钠防除播娘蒿、荠菜和野油菜效果好，但防除猪殃殃效果很差。因此，各地要根据当地最多的杂草种类选择对应的除草剂。

其次是根据当地的耕作制度选择除草剂。苯磺隆、二甲四氯钠和精噁唑禾草灵等可在各种耕作制度的麦田使用。

此外，还要不定期地交替轮换使用杀草机制和杀草谱不同的除草剂品种，以避免长期单一使用除草剂致使杂草产生耐药性，或优势杂草被控制，耐药性杂草逐年增多，由次要杂草上升为主要杂草而造成损失。

2. 正确混用　为了提高药效、扩大杀草谱，往往需要除草剂混合使用。混用时必须注意各混用药剂的特性，避免造成不良化学或物理反应，降低效果或产生药害；使用前应进行试验，确定安全和效果后，再大面积使用，要随配随用，不可长时间存放。

3. 避免药害　考虑除草剂的残留期和对其他作物的安全性，避免对下茬作物和套种植物造成药害。

4. 正确施用药剂　施药前要详细阅读产品使用说明和注意事项，严格按照说明操作，以保证药效和防止药害的产生。除草剂用量过大对麦类易产生药害；剂量过小，则达不到除草的效果。除草剂用量的大小，要根据用药时间、温度、墒情和土壤性状而确定。如冬前气温高、杂草小，可适当减少用药量。如苯磺隆每亩麦田用有效成分 1 g，年后应适当增加用药量，每亩麦田有效成分应增加到 1.2 g。

5. 保证效果　施药前全面检查器械，避免药械故障引起药害或降低除草效果。除草剂应选择在无风或风小时施用，喷雾器的喷头最好戴保护罩，避免药剂雾滴飘移，对周围敏感作物造成药害。喷洒要均匀，不能重喷或漏喷，更不能随意增加或减少使用量。小麦进入拔节期后不宜再使用除草剂，否则容易产生药害。

6. 注意施药时的温湿度　所有除草剂都是气温较高时施药才有利于药效的充分发挥，但在气温 30℃ 以上时施药，有出现药害的可能性。苯磺隆对温度敏感，施药时平均气温 6℃ 以上才能取得较好的防治效果，而在低温条件下，要等 15 ～ 20 天，甚至 30 天才能看出防治效果。10% 苯磺隆可湿性粉剂在 12℃ 低温以下喷施易对小麦产生药害。苗前施药若上层湿度大，易形成严密的药土封杀层，且杂草种子发芽出土快，因此防效高。生长期土壤墒情好，杂草生长旺盛，利于杂草对除草剂的吸收和在体内运转而杀死杂草，药效快，防效好。

7. 注意土壤性质和酸碱度　有机质含量高的土壤颗粒细，对除草剂吸附量大，且土壤微生物数量大，活动旺盛，药效易被降低，除草效果差，可适当加大用药量。而沙质土壤对药剂的吸附量小，药剂分子活性强，容易发生药害，用药量可适当减少。多数除草剂在碱性土壤中保持稳定，不易降解，残效期更长，容易对后茬作物产生药害；若在碱性土壤中施药，用药量可适当降低，并尽量提早施药。

8. 提高施药技术　施用除草剂一定要施药均匀，严禁草多处多喷、草少处少喷，不重喷、漏喷。麦田套种有其他对除草剂敏感的作物时不能施药。如果遇阴雨天、田间过湿、低洼积水，或者麦苗受涝害、冻害、盐碱危害、病虫危害及植株营养不良时，不宜施药。除草剂要随配随用，不可久放，以免降低药效。使用过的喷雾器要冲洗干净，最好是专用，以免伤害其他作物。

第五章

大田小麦气象灾害应对技术

大田小麦干旱应对技术

一、小麦干旱的类型

小麦在生长发育过程中，由于遭遇长期无雨的情况，土壤水分匮缺，导致生长发育异常乃至萎蔫死亡，造成大幅度减产。

1.秋旱　主要是播种至苗期，往往副热带高压南撤过快，北方干冷空气频繁南下，出现少雨干旱天气，空气湿度低，进而引起土壤干旱，使土壤湿度降至田间持水量的 60% 以下，影响播种，造成小麦"种不下、出不来""抢下种、出不全"的缺苗断垄局面。小麦播种时，如土壤水分不足，易造成小麦播种期推迟，大面积晚播，播种质量差，播后出苗不齐，影响分蘖和培养壮苗，麦苗整体素质差，抗灾能力弱，最终导致单位面积成穗不足，成熟期推迟。

2.冬旱　冬旱会导致小麦叶片生长缓慢，严重时可造成叶片干枯，越冬期小麦生长量小，大分蘖少，小麦根系发育不健壮，但一般情况下，只要小麦生长中后期雨水条件比较正常，对小麦的产量影响较小。

冬季休眠需水很多，北方的冬旱实际上是一种生理干旱。浇过冻水的麦田由于冻后聚墒一般不缺水，但浇得过早或浇后气候反常回暖，表层水分蒸发形成干土层后，小麦根系又不能吸收冻结状态的水分，就会受到不利影响。通常越冬期间干土层达 3 cm 时对小麦就开始有不利影响，5 cm 时影响严重，根茎明显脱水皱褶，8 cm 时分蘖节已严重脱水受伤，可能死亡。冬季受旱尚未死亡，到早春返浆时水分仍不能上升到分蘖节部位的，因植株已开始萌动，呼吸消耗大，也可衰竭死亡。

3. 春旱　春旱会导致麦苗返青生长缓慢，茎叶枯黄，光合能力下降，干物质积累减少，小穗小花退化，穗头变小，每穗粒数减少，对产量的影响大于冬旱。北方春季水分供需矛盾最为突出，土壤含水量小于田间持水量的 65% 时分蘖成穗率就会明显降低，抽穗开花期小于 70% 时会降低结实率。

4. 初夏干旱　灌浆前期仍是需水高峰期，缺水可使部分籽粒退化和光合积累减少。后期严重干旱可造成早衰逼熟减产。

如果出现冬春连旱，将对小麦产量产生极大的影响。若出现秋、冬、春三季连旱，将造成大幅度减产。

二、小麦干旱的防御

1. 秋旱防御措施

（1）抢墒播种　只要土壤含水量在 15% 以上或虽达不到 15%

但播后出苗期有灌溉条件的田块，均应抢墒播种。旱茬麦要适当减少耕耙次数，耕、整、播、压作业不间断地同步进行；稻茬麦采取免、少耕机条播技术，一次完成灭茬、浅旋、播种、覆盖、镇压等作业工序。

（2）**造墒播种** 对耕层土壤含水量低于15%，不能依靠底墒出苗的田块，要采取多种措施造墒播种。主要有以下5种方法：

一是有自流灌溉地区实行沟灌、漫灌，速灌速排，待墒情适宜时用浅旋耕机条播。

二是低蓄水位或井灌区，采取抽水浇灌（水管喷浇或泼浇），次日播种。

三是水源缺乏地区，先开播种沟，然后顺沟带水播种，再覆土镇压保墒。

四是稻茬麦地区要灌好水稻成熟期的"跑马水"，以确保水稻收获前7~10天播种，收稻时及时出苗。

五是对已经播种但未出苗或未齐苗的田块窨灌出苗水或齐苗水，注意不可大水漫灌，以防闷芽、烂芽。对于地表结块的田块要及时松土，保证出齐苗。

（3）**物理抗旱保墒** 持续干旱无雨条件下，底墒和造墒播种，播种后出不来或出苗保不住的麦田，可在适当增加播种深度2~3cm前提下再采取镇压保墒。一般播种后及时镇压，可使耕层土壤含水量提高2%~3%。

播后用稻草、玉米秸秆或土杂肥覆盖等，不仅可有效地控制土壤水分的蒸发，还有利于增肥改土、抑制杂草、增温防冻等。

如果在小麦出苗后结合人工除草松土，可切断土壤表层毛细管，减少土壤水分蒸发，达到保墒的目的。

（4）**化学抗旱** 在干旱程度较轻的情况下，选用化学抗旱剂拌种或喷施，不仅可以在土壤含水量相对较低条件下使小麦早出苗、出齐苗，而且促根、增蘖、促快生叶，具有明显的壮苗增产效果。当前应用比较成功的有抗旱剂 FA 和保水剂 2 种。

（5）播后即管　由于受到抗旱秋播条件的限制，播种水平、技术标准难以达到，必须及早抓好查苗补苗等工作，确保冬前壮苗，提高土壤水分利用率。出苗分蘖后遇旱，坚持浇灌、喷灌或沟灌，避免大水漫灌，防止土壤板结而影响根系生长和分蘖发生，中后期严重干旱的麦田以小水沟灌至土壤湿润，水量不宜过大，浸水时间不应过长，以防气温骤升而发生高温逼熟或遭遇大雨后引起倒伏。

2.冬旱防御措施　防御冬旱最主要的是适时浇好冻水。喷灌麦田可选回暖白天少量补水。没有喷灌条件的尽量压麦提墒，早春适当早浇小水。

3.春旱防御措施　一是培育冬前壮苗，使根系强壮深扎，提高利用深层土壤水分的能力。

二是合理灌溉，保水能力强的黏土地早春不必急于浇水，蹲苗到拔节后和孕穗前再浇足，全生育期浇水次数宜少，量应足，易渗漏的沙土地则应少量多次浇水。水源不足时要尽量确保切断毛细管，减少土壤蒸发，旱地小麦春季更要强调锄地保墒。

4.初夏干旱防御措施　应小水勤浇，使小麦不过早枯黄，促进茎秆养分充分转移。但前期若持续干旱，则后期不可突然浇水，否则会造成烂根。

多年的试验表明，在只浇一水的情况下，以拔节水的增产效益最为显著；在能浇二水的情况下，应保浇起身水和拔节孕穗水，保水能力强和越冬条件差的，也可保浇冻水和拔节水。

大田小麦干热风害应对技术

干热风害是小麦生育后期经常遇到的气象灾害之一。麦株的芒、穗、叶片和茎秆等部位均可受害。从顶端到基部失水后青枯变白或叶片卷缩萎凋，颖壳变为白色或灰白色，籽粒干瘪，千粒重下降，影响小麦的产量和质量。小麦干热风害无论是南方还是北方，无论是春麦区还是冬麦区，均常发生。

一、干热风害的症状

干热风对小麦的影响主要是危害小麦的扬花灌浆。在高温、低湿及大风的条件下，小麦叶片光能利用率低，籽粒形成期缩短，根系呼吸受限，吸水能力减弱；如果是雨后干热风，蒸腾作用加强，植株体内水分失去平衡，总氮量、可溶性蛋白质含量、叶绿素含量、碳代谢水平、细胞质膜透性等受到制约，甚至出现生理脱水，茎叶青枯，籽粒干秕，千粒重明显下降。干热风还使小麦灌浆过程缩短，迫使小麦提前成熟，造成减产。

干热风发生时，植株的芒、穗、叶片和茎秆等部位均可受害。最先表现在植株顶部，轻者小麦叶片从顶端到基部失水后青枯变白或蜷缩凋萎，颖壳变为白色或灰白色，芒尖干枯、炸芒、籽粒干瘪，影响小麦的产量和品质；重则严重炸芒，顶部小穗颖壳和叶片大部分干枯呈灰白色，叶片卷曲呈绳状，枯黄死亡。

干热风在小麦不同生育期发生，小麦的受害症状和程度的表现也不同：在开花和籽粒形成期，干热风主要影响开花受精能力，使不孕花数增加，减少穗粒数；在灌浆成熟期发生，干热风则会使日灌浆速率突然出现下降，灌浆期缩短；在成熟前 10 天左右受干热风危害，麦田呈现大面积青枯。

二、干热风害的防治方法

（一）选用抗性品种

在干热风害经常出现的麦区，应注意选用抗旱、耐干热风的早熟丰产品种，适时早播，促苗早发早熟，避开干热风的危害。一般中长秆、长芒和穗下节间长的品种，自身调节能力较强，有利于抵抗和减轻高温和干热风的危害。同时，注重选择综合抗性强、高产稳产的小麦品种，早、中、晚熟品种应进行合理安排，使灌浆成熟时间提前或延后，以躲过干热风危害的敏感时间。

（二）抗旱剂拌种

每亩用黄腐酸盐（抗旱剂 1 号）50 g 溶于 1 ~ 1.5 kg 水中拌 12.5 kg 麦种。也可用万家宝 30 g 加水 3 kg 拌 20 kg 麦种，拌匀后晾干播种。

（三）浇好灌浆水

小麦开花后即进入小麦灌浆阶段，此时高温、干旱、强风迫使空气和土壤水分蒸发量增大，浇好灌浆水可以保持适宜的土壤水分，增加空气湿度，起到延缓根系早衰、增强叶片光合作用的作用，达到预防或减轻干热风危害的目的。注意有风停浇，无风抢浇。灌浆水宜在灌浆初期浇。

（四）巧浇麦黄水

麦黄水在乳熟盛期到蜡熟始期浇。灌麦黄水需适当早灌，一般在小麦成熟前 10 ~ 15 天或干热风来临前 3 ~ 5 天灌，这样可以明显改善田间小气候条件，减轻干热风危害，并有利于麦田套种和夏播。据观测，浇麦黄水后，可使麦田近地层气温下降 2℃，小麦千粒重提高 0.8 ~ 1 g。在小麦生长后期雨水渐多的地区，要防止大水漫灌或灌后遇雨，土壤湿度过大，引起倒伏。若前期缺水，后期土壤过于干旱，骤然灌水，再遇干热风侵袭，也会造成不利影响。所以，最好是利用喷灌方式，水量较小，不致产生上述问题，同时也可以起到降温、增湿和防御干热风的效果。

（五）合理施肥

提倡施用酵素菌沤制的堆肥，增施有机肥和磷肥，适当控制氮肥用量。合理施肥不仅能保证供给植株所需养分，对改良土壤结构、蓄水保墒、抗旱防御干热风也起着很大作用。

（六）叶面喷肥

在干热风来临之前，或小麦生育后期向叶面喷施化学制剂，调节小麦新陈代谢的能力，增强株体活力，达到抗灾的目的。可供选用的制剂有：草木灰、抗旱剂1号、阿司匹林、磷酸二氢钾、氯化钙、硼肥、锌肥等。这些制剂大多能提高小麦抗旱或抗干热风的能力，增强光合作用，提高灌浆速度和籽粒饱满度，或使小麦叶片气孔处于关闭状态，减少植株蒸腾失水量，从而减轻干热风的损失。但要注意不同药剂施用的时间不同，某些药剂之间不能混合使用。

1. 草木灰　在小麦孕穗期或抽穗期，每亩喷施10%的草木灰浸出液50 kg，既能提高小麦抗旱或抗干热风的能力，又能加速灌浆，增加粒重。

2. 抗旱剂1号　主要成分为黄腐酸盐，是一种植物生长调节剂。在小麦孕穗期前后，亩用抗旱药剂40～50 g，先对少量水，待充分溶解后再加水50～60 kg，全田喷洒，以叶片正反两面都着药液为度。不仅能有效抗御干热风的危害，而且可以增加小麦绿叶面积，增产15%～20%，达到一药多效的目的。

3. 阿司匹林　在小麦扬花期至灌浆期，喷施0.04%～0.05%阿司匹林水溶液（加少许黏着剂），可使小麦叶片气孔处于关闭状态，减少植株蒸腾失水量，从而减轻干热风的危害，可有效防止干热风引起的早衰，可增产 10% ~ 20%。

4. 磷酸二氢钾　在小麦孕穗、抽穗和开花期，各喷施 1 次 0.2% ~ 0.4% 的磷酸二氢钾水溶液，每亩每次 50 ~ 75 kg，可促进小麦结实器官的发育，增强光合作用，减轻叶片失水，加速灌浆进程，提高麦秆内磷钾含量，增强抗御干热风的能力。注意，该溶液不能与碱性化学药剂混合使用。

5. 氯化钙　在小麦开花期和灌浆始期，各喷施 1 次 0.1% 的氯化钙水溶液，每亩每次 50 ~ 70 kg，通过增强小麦叶片细胞的吸水和保水能力，减少植株水分蒸腾。

6. 硼、锌肥等　在 50 ~ 60 kg 水中加入 100 g 硼砂，在小麦扬花期喷施。或在小麦灌浆时，每亩喷施 50 ~ 75 kg 0.2% 的硫酸锌溶液，可有效促使小麦受精，加速小麦后期发育，增强其抗逆性和结实能力。

在小麦开花至灌浆期、小麦生长后期施用喷施宝、复硝酚钠等，都有明显地减轻干热风危害的作用。

7. 叶面喷醋　在小麦灌浆期，用 0.1% 乙酸或 1 : 800 食醋溶液叶面喷施，可以缩小叶片上气孔的开张角度，抑制蒸腾作用，提高植株抗旱、抗热能力；同时，乙酸还能够中和植株在高温条件下降解产生的游离氨，从而消除氨对小麦的危害。

8. 叶面喷激素　在小麦齐穗期和扬花期，用 0.5 mg/kg 三十烷醇溶液各喷 1 次，可使穗粒数增加 8.1%，千粒重提高 5.6% ~ 6.8%，增产 10% ~ 20%。

在小麦扬花至灌浆期，亩喷 1 000 倍石油助长剂溶液 50 kg，能防御干热风，增加千粒重，平均增产 7.8%。

在小麦灌浆前，亩喷 40 mg/kg 萘乙酸溶液 50 kg，能有效减轻干热风的危害，并增加千粒重。

在小麦灌浆期，亩喷 60 mg/kg 苯氧乙酸溶液 25 kg，也能防御干热风，增加千粒重。

9．"一喷三防"　小麦后期"一喷三防"是预防和减轻病虫害、干热风等危害的有效措施之一，因此应根据病虫害发生情况和天气变化喷施，能有效提高粒重，预防干热风。

大田小麦湿（渍）害应对技术

　　小麦湿（渍）害，是指土壤水分达到饱和时，造成空气不足，而对小麦正常生长发育所产生的危害。主要发生在长江中下游平原的稻茬麦田，生产上发生频率比较高，危害严重。

一、湿（渍）害的表现

　　小麦湿（渍）害的危害主要表现为：受湿害的小麦根系长期处在土壤水分饱和的缺氧环境下，根系吸收功能减弱，使得植株体内水分反而亏缺，严重时造成脱水凋萎或死亡，因此湿害又常表现为生理性干旱。小麦从苗期至扬花灌浆期都可受害。

　　1.苗期受害　　造成种子根伸展受抑制，次生根显著减少，根系不发达；苗瘦、苗小或种苗霉烂，成苗率低；叶黄，分蘖延迟，分蘖少甚至无分蘖，僵苗不发。

2. 返青至孕穗期受害　小麦根系发育不良，根量少，活力差，黄叶多，植株矮小，茎秆细弱，分蘖减少，成穗率低。

3. 孕穗期受害　小穗小花退化数增加，结实率降低，穗小粒少。

4. 灌浆成熟期受害　根系早衰，叶片光合功能下降，遇到高温天气，蒸腾作用增强，根系从土壤中吸收的水分不足以弥补植株体内水分的缺亏，引起生理性缺水，绿叶减少，植株早枯，功能叶早衰，穗粒数减少，千粒重降低，出现高温高湿逼熟，严重的青枯死亡。

小麦湿害的敏感期，指在一生中短期逆境使产量锐减的时期。研究指出，敏感期相当于个体发育过程的孕穗期，即始于拔节后15日，终于抽穗期。从产量因素看出，孕穗期土壤过湿引起大量小花、小穗败育，使粒数下降最大，不仅造成"库"的减少，粒重也随之降低，表明"源"也受到了限制。

二、小麦湿（渍）害的防治

1. 建立排水系统　"小麦收不收，重在一套沟。"开挖完善田间套沟，田内采用明沟与暗沟（或暗管、暗洞）相结合的办法，排明水降暗渍，千方百计减少耕作层滞水是防止小麦湿害的主要方法。对长期失修的深沟大渠要进行淤泥疏通，降低地下水位，以利于冬春雨水过多时的排渍，做到田水进沟畅通无阻。

2. 田内开好"三沟"　在田间排水系统健全的基础上，整地播种阶段要做好田内"三沟"（畦沟、腰沟、围沟）的开挖工作，做到深沟高厢，"三沟"相联配套，沟渠相通，利于排除"三水"。

起沟的方式要因地制宜，本着畦沟浅、围沟深的原则，一般"三沟"宽 40 cm，畦沟深 25 cm，腰沟深 30 cm，围沟深 35 cm。地下水位高的麦田"三沟"深度要相应增加。畦沟的多少及畦宽要本着有利于排涝和提高土地利用率的原则来确定。为了提高播种质量保证全苗，一般先起沟后播种，播种后及时清沟。如果播种后起沟，沟土要及时撒开，以防覆土过厚影响出苗。出苗以后，在降雨或农事操作后及时清理田沟，保证沟内无积泥积水，沟沟相通，明水（地面水）能排，暗渍（潜层水、地下水）自落。保持适宜的墒情，使土壤含水量达20% ~ 22%，同时能有效降低田间大气湿度，减轻病害发生，促进小麦正常生长。这些措施不仅可以减轻湿（渍）害，而且能够减轻小麦白粉病、纹枯病和赤霉病病害及草害。

3. 选用抗湿（渍）性品种　不同小麦品种间耐湿性差异较大，有些品种在土壤水分过多，氧气不足时，根系仍能正常生长，表现出对缺氧较强的忍耐能力或对氧气需求量较少；有些品种在缺氧老根衰亡时，容易萌发较多的新根，能很快恢复正常生长；有些品种根系长期处于还原物质的毒害之下仍有较强的活力，表现出较强的耐湿性。因此，选用耐湿性较强的品种，增强小麦本身的抗湿性能，是防御渍害的有效措施。

4. 熟化土壤　前茬作物应以早熟品种为主，收割后要及时翻耕晒垡，切断土壤毛细管，阻止地下水向上输送，增加土壤透气性，为微生物繁殖生长创造良好的环境，促进土壤熟化。有条件的地方夏作物可实行水旱轮作，如水稻改种旱地作物，达到改土培肥、改善土壤环境的目的，减轻或消除渍害。

5. 适度深耕　深耕能破除坚实的犁底层，促进耕作层水分下渗，降低潜层水，加厚活土层，扩大作物根系的生长范围。深耕应掌握熟土在上、生土在下、不乱土层的原则，做到逐年加深，一般使耕作层深度达到 23 ~ 33 cm。严防滥耕滥耙，破坏土壤结构，并且与施肥、排水、精耕细作、平整土地相结合，有利于提高小麦播种质量。

6. 中耕松土　稻茬麦田土质黏重板结，地下水容易向上移动，田间湿度大，苗期容易形成僵苗灾害。降雨后，在排除田间明水的基础上，应及时中耕松土，切断土壤毛细管，阻止地下水向上渗透，改善土壤透气性，促进土壤风化和微生物活动，调节土壤墒情，促进根系发育。

7. 合理施肥　由于湿（渍）害，叶片某些营养元素亏缺（主要是氮、磷、钾），碳、氮代谢失调，从而影响小麦光合作用和干物质的积累、运输、分配，以及根系生长发育、根系活力和根群质量，最终影响小麦产量和品质。为此，在施足基肥（有机肥和磷、钾肥）的前提下，当湿（渍）害发生时应及时追施速效氮肥，以补偿氮素的缺乏，延长绿叶面积持续期，增加叶片光合速率，从而减轻湿（渍）害造成的损失。对湿害较重麦田，要做到早施、巧施接力肥，重施拔节孕穗肥，以肥促苗升级。冬季多增施热性有机肥，如渣草肥、猪粪、牛粪、草木灰、人粪尿等。

8. 适当喷施生长调节物质　在湿（渍）害逆境下，小麦体内正常的激素平衡发生改变，产生乙烯。乙烯和脱落酸增加，会使小麦地上部衰老加速。所以在渍水时，可以适当喷施生长调节物质，以延缓衰老进程，减轻湿（渍）害。如可叶面喷施甲哌鎓、植株抗逆增产剂、有机叶面复合肥等，也可喷洒植物微量元素营养液，隔 7 ~ 10 天喷 1 次，连喷 2 次。提倡施用稀土纯营养剂，每 50 g 对清水 20 ~ 30L 喷施。

9. 护叶防病菌　叶面喷施增强抗寒、抗逆功能的植物生长调节剂或硼、钼、锌等微量元素肥料以及磷酸二氢钾等。湿（渍）害还易诱发锈病、赤霉病、纹枯病、白粉病等，要在加强测报的基础上，及时用药防治。

第四节

大田小麦冻害应对技术

一、小麦冬季冻害

（一）冬季冻害的发生症状

冬季冻害是指小麦进入冬季后至越冬期间由于寒潮降温引起的冻害。由于秋末强寒潮侵袭，日最低气温突然降至0℃以下，使小麦遭受的冻害，称为初霜冻害，又叫早霜冻害、秋霜冻害。小麦苗期初霜冻害是我国小麦生产上的主要农业气象灾害之一，发生次数多、面积大、危害重，严重影响和制约我国的小麦生产。

1. 小麦冬季冻害发生时间　随地理纬度和海拔高度而变，地理纬度和海拔高度越高，初霜冻害发生时间越早。长城以北地区，初霜冻9月上旬至10月上旬开始，黄河及淮河流域，初霜冻10月中旬至 11 月上旬开始，而在长江流域，初霜冻 11 月下旬至 12 月上旬开始，华南及青藏高原无明显霜冻。

2. 小麦冬季冻害的发生症状　我国北方气候寒冷，冬季最低气温常下降至 −20℃左右，若在无雪层保护的多风干旱情况下，小麦常会被冻死，麦田死苗现象较为普遍。

而偏南地区，入冬后，气温逐渐降低，麦苗经过低温抗寒锻炼，细胞组织内糖分积累，细胞液浓度增加，抗寒能力大大增强，一般不会冻死。

但没有经过低温锻炼的麦苗，或播种早、生长过旺的麦苗，或耕作粗放、播种失时、冬前生长不足的麦苗，由于细胞组织内积累糖分少，细胞液浓度低，抗寒能力差，在气温骤降时，就容易受冻，表现为叶尖或叶片呈枯黄症状。由于埋在土层中的分蘖节、根系及茎生长点未被冻死，当气温回升后，麦苗逐渐恢复生长。

适期播种的小麦冬季遭受冻害，一般只冻干叶片，只有在冻害特别严重时才出现死蘖、死苗现象。

3. 分蘖受冻死亡的顺序　先小蘖后大蘖再主茎，最后冻死分蘖节。冬季冻害的外部症状表现明显，叶片干枯严重，一般叶片先发生枯黄，而后分蘖死亡。

（二）冬季冻害的预防措施

1. 选用抗寒品种　选用抗寒耐冻品种，是防御小麦冻害的根本保证。各地要严格遵循先试验再示范推广的用种方法，结合当地历年冻害发生的类型、频率和程度及茬口早晚情况，调整品种布局，半冬性、春性品种合理搭配种植。对冬季冻害易发麦区，宜选用抗寒性强的冬性、半冬性品种。

2. 合理安排播期和播量　根据历年多次小麦冻害调查发现，冻害减产严重多是使用春性品种且过早播种和播种量过大而引起的。特别是遇到苗期气温较高的年份，麦苗生长较快，群体较大，春性品种易提早拔节，甚至会出现年前拔节的现象，因而难以避过初冬的寒潮袭击。因此，生产上要根据不同品种，选择适当播期，并注意中长期天气预报，暖冬年份适当推迟播种，人为控制小麦生育进程，且结合前茬作物腾茬时间，合理安排播期和播量。

3. 提高整地质量　土壤结构良好、整地质量高的田块冻害轻；土壤结构不良，整地粗糙，土壤翘空或皲裂缝隙大的田块受冻害重。

4. 提高播种质量　平整土地有利于提高播种质量，减少"四籽"（缺籽、深籽、露籽和丛籽）现象，可以降低冻害死苗率。

5. 培育壮苗　苗壮是麦苗安全越冬的基础。适时适量适深播种、培肥土壤、改良土壤性质和结构、施足有机肥和无机肥、合理运筹肥水和播种技术等综合配套技术，是培育壮苗的关键技术措施。实践证明，小麦壮苗越冬，因植株内养分积累多，分蘖节含糖量高，与旺苗、晚弱苗相比，具有较强的抗寒力，即使遭遇不可避免的冻害，其受害程度也大大低于旺苗和晚弱苗。由此可见，培育壮苗既是小麦高产技术措施，又是防灾减损重要措施。

6. 中耕保墒　霜冻出现前和出现后及时中耕松土，能起到蓄水提温、有效增加分蘖数、弥补主茎损失的作用。冬锄与春锄，既可以消灭杂草，使水肥得以集中利用，减少病虫发生，又能消除板结，疏松土壤，增强土层通气性，提高地温，蓄水保墒。

7. 镇压防冻　对麦田适时、适当镇压，有调节土壤水分、空气、温度的作用，是小麦栽培的一项重要农艺措施。镇压能够破碎土块，踏实土壤，增强土壤毛管作用，提升下层水分，调节耕层孔隙，弥合土壤裂缝，防止冷空气入侵土壤，增大土壤比热容和导热率，平抑地温，增强麦田耐寒、抗冻和抗旱性能，防止松暄冻害，减少越冬死苗。田间土壤松暄冻害重。

8.适时浇好小麦冻水

（1）看温度　日均温 3～7℃土壤日消夜冻时浇冻水。过早因气温高蒸发量大，入冬时已失墒过多；过晚或气温低于3℃会造成田间积水，如地面结冻会引起窒息死苗。

（2）看墒情　沙土地土壤含水量低于60%，壤土地低于70%，黏土地低于80%时要浇冻水。墒情好的可不浇或少浇。

（3）看苗情　麦苗长势好、底墒足或稍旺的田块可适当晚浇或不浇，防止群体过旺过大。晚茬麦因冬前生长期短苗小且弱，只要底墒尚好也可不浇，但要及时镇压保墒。

（4）要适量　水量不宜过大，一般当天浇完，地面无积水即可，使土壤含水量达到80%。

9.增施磷肥、钾肥，做好越冬覆盖　增施磷、钾肥，能增强小麦抗低温能力。"地面盖层草，防冻保水抑杂草"，在小麦越冬时，将粉碎的作物秸秆撒入行间，或撒施暖性农家肥（如土杂肥、厩肥等），可保暖、保墒，保护分蘖节不受冻害，对防止杂草翌春旺长具有良好作用。麦秸、稻草等均可切碎覆盖，覆盖后撒土，以防大风刮走，开春后，将覆草扒出田。在弱麦苗田覆盖牛马粪，既能提高地温，保护根部，又能促进根系生长，为翌年春季小麦生长提高肥力。方法是：将牛马粪捣细，撒盖在麦苗上面，厚度以 2～3 cm 为宜。翌年春小麦返青前，结合划锄用竹耙把牛马粪搂到麦垄中间。

（三）冬季冻害发生后的补救措施

在一株小麦中，如果冻死的是主茎和大分蘖，而小分蘖还是青绿的或在大分蘖的基部还有刚刚冒出来的小分蘖的蘖芽，经过肥水促进，这些小分蘖和蘖芽可以生长发育成为能够成穗的有效分蘖，因此，对于发生冻害的麦田不要轻易毁掉，应针对不同的情况分别采取补救措施。

1. 对严重死苗麦田　对于冻害死苗严重，茎蘖数少于每亩 20 万的麦田，尽可能在早春补种，点片死苗可催芽补种或在行间串种。存活茎蘖数在每亩 20 万以上且分蘖较均匀的麦田，不要轻易改种，应加强管理，提高分蘖成穗率。对于 3 月才能断定需要翻种的地块，只能改种春棉花、春花生、春甘薯等作物。

2. 对旺苗受冻麦田　对受冻旺苗，应于返青初期用耙子狠搂枯叶，促使麦苗新叶见光，尽快恢复生长。同时，应在日平均气温升至 3℃时适当早浇返青水并结合追肥，促进新根新叶长出。虽然主茎死亡较多，但只要及时加强水肥管理，保存活的主茎、大分蘖，促发小分蘖，仍可争取较高产量。

3. 对晚播弱苗受冻麦田　加强对晚播弱麦田的增温防寒工作，如撒施农家肥，保护分蘖节不受冻害。同时，早春不可深松土，以防断根伤苗。

4. 对年前已拔节的麦苗　土壤解冻后，应抓紧晴天进行镇压，控制地上部生长，延缓其幼穗发育并追加土杂肥等，保护分蘖节和幼穗。或结合冬前化学除草喷 1 次矮壮素、多效唑或多唑·甲哌鎓，控制基部节间伸长，增强麦株抗寒能力。

5. 及时追施氮素化肥　对主茎和大分蘖已经冻死的麦田，早春要及时追肥。

第一次在田间解冻后即追施速效氮肥，每亩施尿素 10 kg，采取开沟深施的方法，以提高肥效；缺墒麦田尿素要对水施用；磷素有促进分蘗和促根系生长的作用，缺磷的地块可采取尿素和磷酸二铵混合施用的方法。

第二次在小麦拔节期，结合浇水施用拔节肥，每亩用 10~15 kg尿素。对一般冻害麦田（小麦仅叶片冻枯，没有死蘗现象），早春应及时划锄，以提高地温，促进麦苗返青；在起身期还要追肥浇水，以提高分蘗成穗率。

6. 加强中后期肥水管理，防止早衰　受冻麦田由于植株体内的养分消耗较多，后期容易发生早衰，在春季第一次追肥的基础上，应看麦苗生长发育状况，依其需要，在拔节期或挑旗期适量叶面追肥。这样能促进穗大粒多，提高粒重，争取把冻害损失降低到最低限度，提高小麦当年产量。

二、小麦春季冻害

（一）春季冻害的发生症状

春季冻害，也称晚霜冻害，是指小麦在过了立春节气进入返青至拔节这段时期，因寒潮到来降温，地表温度降到 0℃ 以下所发生的霜冻危害。

在 3~4 月，小麦已先后完成了春化阶段和光照阶段的发育，此时抗寒能力降低，完全丧失了抗御 0℃ 以下低温的能力，当寒潮来临时，夜间晴朗无风，地表层温度骤降到 0℃ 以下，便会发生早春冻害。

发生春季冻害的小麦，叶片似被开水浸泡过，经过太阳光照射后便逐渐干枯。包在茎顶端的幼穗分生细胞对低温反应比叶细胞敏感。幼穗在不同的发育时期受冻程度有所不同，一般来说，已进入雌、雄蕊原基分化期（拔节初期）的易受冻，表现为幼穗萎缩变形，最后干枯；而处在二棱期（起身期）的幼穗，受冻后仍然呈透明晶体状，未被冻死，往往表现出主茎被冻死，分蘖未被冻死，或仅一个穗子部分受冻的情形。有些年份，小麦春季冻害会不止出现一次，而出现多次。

（二）春季冻害的预防措施

1. 选种播种　因地制宜选用适宜当地气候条件的冬性、半冬性或春性品种。冬小麦不要选择冬性太弱或春性太强的品种，以避免冬前和早春过早穗分化；对于经常发生晚霜冻危害的地区，还应搭配耐晚播、拔节较晚而抽穗不晚的小麦品种以减轻霜冻危害。因品种的冬、春性，适期播种；采用精量、半精量播种技术。

2. 掌握安全拔节期　小麦拔节前和拔节后在抗寒能力上有质的差别。拔节以后抗寒性明显减弱。因此，安全拔节期是小麦气候学上一个重要指标。各地在确定品种利用、安排不同品种的适宜播种期以及选育小麦新品种时，都应力求使小麦的拔节期不早于安全拔节期。

安全拔节期的确定，以各地出现终霜期最低气温低于 $-2\,℃$，并以拔节（生物学上的拔节期）10 天后有 90% 左右不再受春季冻害的保证率为重要依据，各地可以根据终霜出现在各旬的实际年数，制成表格作为参考，提早动手做好控制早拔节和防御春霜冻害的各项准备工作，以求减轻冻害损失。

3. 对生长过旺小麦适度抑制其生长　主要措施是早春镇压和起身期喷施多唑·甲哌鎓。春季对早播过旺麦苗采取蹲苗与拔节前镇压措施，适当压伤主茎和大蘖，镇压后的旺长麦田，小麦早春冻害较轻，这是因为对旺苗镇压可抑制小麦过快生长发育，避免其过早拔节降低抗寒性，因此早春镇压旺苗是预防春季冻害简便易行的方法。

另外，在小麦起身期喷施多唑·甲哌鎓，既可以适当抑制生长发育、提高抗寒性，又可以抑制基部 3 个节间过度伸长，提高抗倒性。一般每亩用 30 ~ 40 mL 多唑·甲哌鎓，对水 30 kg 喷雾即可。

4. 冻前浇水　冻前浇水是防御春霜冻害最有效措施之一。一般在霜冻出现前 1 ~ 3 天进行麦田灌水，可提高地温 1 ~ 3℃，能显著减轻冻害，具有防霜作用。

其原因是：水温比发生霜冻时的土温高，冻前浇水能带来大量热能；土壤水分多，土壤导热能力增强，可从深层较热土层处传来较多热能，缓和地面冷却速度；水的比热容比空气和土壤的比热容大，浇水后能缓和地面温度的变化幅度；浇水后地面空气中水汽增多，在结冰时，可放出潜热来。

有浇灌条件的地区，在拔节至孕穗期，晚霜来临前浇水或叶面喷水，可提高近地面叶片温度，对预防早春冻害有很好的效果。

5. 喷施拮抗剂预防早春冻害　小麦返青前后喷施植物细胞膜稳态剂，能够预防和减轻早春小麦冻害。遭受早春冻害后的补救措施是补肥与浇水。小麦是具有分蘖特性的作物，遭受早春冻害的小麦分蘖不会全部冻死，还有小麦蘖芽可以长成分蘖成穗，因此应立即撒施尿素（每亩 10 kg）和浇水。因氮素和水分的耦合作用能促进小麦早分蘖和促进小蘖赶大蘖，提高分蘖成穗率，减轻冻害的损失。

（三）早春冻害发生后的补救措施

1. 受冻害严重的麦田不要随意耕翻　生产实践证明，只要分蘖节不冻死，随着气温回升，就会很快长出新的分蘖，仍能获得较好收成。一般不要毁种、刈割或放牧，即使冻死较多，只要及时浇水追肥，都能促使小蘖和分蘖芽迅速萌发，仍有可能获得较好收成，一般都要比毁种的效果更好。农谚有"霜打麦子不可怕，一颗麦子发二叉"的说法。

2. 受冻的黄叶和"死"蘖也不应割去　同位素原子示踪试验表明，小麦受冻后，在一定时期内，冻"死"蘖的根系所吸收的养分可以向未冻死的分蘖转移。保留黄叶和"死"蘖对受冻麦苗恢复生机、增加分蘖成穗有显著促进作用。

3. 清沟理墒　对受冻的小麦，更要降低地下水位，注意养护根系，增强其吸收能力，以保证叶片恢复生长和新分蘖发生及成穗所需养分。

4. 及时施用肥水　对叶片受冻较重、茎秆受冻较轻而幼穗没有冻死的麦田要及时浇水，可避免幼穗脱水致死，有利于麦苗迅速恢复生长，多数能抽穗结实。

对部分幼穗受冻麦田，水肥结合施用，尤以施速效氮肥为佳，每亩追硝酸铵 10 ~ 13 kg 或碳酸氢铵 20 ~ 30 kg，结合浇水、中耕松土，促使受冻麦苗尽快恢复生长。因为遭受冻害折磨的麦苗，体内消耗养分较多，苗势已很弱，随着气温日渐回升，迅速长出新的茎蘖，急需大量养分给予补充，以满足正常生长发育。

5. 加强病虫害防治　小麦遭遇冻害后自身长势衰弱，抗病能力下降，易受病菌侵染，要注意随时根据当地植保部门的测报进行药剂防治。

6.及时换茬 主茎和大分蘖全部冻死的田块，可以采用强春性品种春播（指南方麦区）或耕翻后播种其他早春作物。

大田小麦倒伏应对技术

一、小麦春季倒伏的表现形式

倒伏是影响小麦高产、稳产、优质的重要因素之一。小麦倒伏主要发生在肥水充足、小麦旺长、群体过大、田间郁闭的高产麦田。早春是预防小麦倒伏的关键时期。小麦抽穗前倒伏可减产30%～40%；灌浆期倒伏减产20%～30%；乳熟期倒伏，减产10%左右，倒伏严重时减产可达50%以上。

1. 从形式上可分为根倒伏和茎倒伏

（1）**根倒伏**　根在疏松的土层中扎得不牢，一经风吹雨打，就会土沉根歪或平铺于地。

（2）**茎倒伏**　主要是茎基部节间（多数是基部三节）承受不起上部重量，就会弯曲倾斜或折断后平铺于地。小麦倒伏不仅加快后期功能叶死亡，造成用于灌浆充实的干物质生产量减少，而且由于根系与基部茎秆受伤，吸收能力和输导组织均受影响，光合产物向穗部运输受阻，导致小麦粒重降低，对产量影响很大。倒伏表现在后期，潜伏在前期，具有不可挽回性。

2. 从时间上可分早期倒伏和晚期倒伏　在小麦灌浆期前发生的倒伏，称为"早期倒伏"，由于"头轻"一般都能不同程度地恢复直立。灌浆后期发生的倒伏称为"晚期倒伏"，由于"头重"不易完全恢复直立，往往只有穗和穗下茎叶以抬起头来，要及时采取补救措施减轻倒伏损失。

二、小麦倒伏的预防措施

1. 选用抗倒伏品种　选用抗倒伏品种是防止小麦倒伏的基础，在管理水平跟不上的区域宜选择高产、耐肥、抗倒伏的品种进行推广，各高产品种搭配比例应协调，做到布局合理，达到灾害年份不减产、风调雨顺年份更高产的目的。不宜选择高秆和茎秆细弱的品种。大力提倡小麦精量和半精量播种，以降低倒伏的风险。

2. 提高整地质量　整地质量不好是造成根倒的原因之一。因此，要大力推广深耕，加深耕层，高产麦田耕层应达到 25 cm 以上。特别是近年来秸秆还田成为种麦整地的常规措施后，深耕显得更为重要。秸秆还田必须与深耕配套，深耕必须与细耙配套，真正达到秸秆切碎深埋、土壤上虚下实，有利于次生根早发、多发，根系向深层下扎。

3. 采用合理的播种方式　高肥水条件下小麦种植行距应适当放宽，有利于改善田间株间通风透光条件，促其生长健壮，减少春季分蘖，增加次生根数量，提高小麦抗倒伏能力。高产麦田以 23 ~ 25 cm 等行距条播为宜，也可以采取宽窄行播种，宽行 26 cm、窄行 13 cm，或宽行 33 cm、窄行 16.5 cm 等。

4. 精量播种，确定适宜的基本苗数　为了创造各个时期的合理群体结构，确定合理的基本苗数是基础环节。基本苗过多或过少，都会给以后各个生育时期形成合理的群体结构带来困难。确定基本苗的主要依据是地力水平高低、品种分蘖力强弱、品种穗子大小。一般原则是高产田、分蘖力强的品种、大穗型品种宜适当低一些，而中低产田，分蘖力弱的品种、多穗型品种则宜适当高一些。目前的高产田、大穗、分蘖力强的品种，每亩成穗45 万个左右，单株成穗3 ~ 3.5个，每亩基本苗应为12 万 ~ 15 万株；中产田、多穗型品种，每亩成穗50 万个左右，单株成穗2.5 ~ 3.5 个，每亩基本苗应为14 万 ~ 18 万株。随着肥水条件的改善和栽培技术的提高，亩产 500 kg 左右的高产麦田，每亩基本苗以 8 万 ~ 10 万株为宜。要保证适宜的基本苗，除上述因素外，还要考虑种子发芽率、整地质量与田间出苗率、播种方式等因素。采取机械精量播种技术，不但要保证基本苗数量适宜，同时要求麦苗的田间、行间平面分布合理。因为播量既定时，不同的行距配置导致每行的麦苗密度不同，而在每行麦苗密度已定时，不同的行距配置导致单位面积的麦苗密度不同。

5. 科学施肥浇水　在施肥上重施有机肥，轻施化肥，有利于防止倒伏。高产冬麦田一定要及时浇好冻水、拔节水、灌浆水，一般不浇返青水和麦黄水。春季返青起身期以控为主，控制肥水，到小麦倒二叶露尖，拔节后再浇水，酌情追肥。千方百计缩短基部节间长度，第一节间长 4.5 ~ 5.7 cm，第二节间长 7.6 ~ 8.5 cm 的较抗倒伏。后期如需浇水，一定要根据天气预报，掌握风雨前不浇、有风雨停浇的原则。

春麦田凡生长偏旺、群体较大、有倒伏趋势的要严格控制追施氮肥，增施钾肥，亩施氯化钾 3~5 kg。拔节至孕穗期，根据苗情长势，每亩追施尿素 4~5 kg，或含氮、磷、钾各 15% 的三元复合肥 10~15 kg，以增加穗粒数和粒重。

6. 深锄断根 深中耕是控制群体，预防倒伏的重要措施，对群体大、有旺长趋势的麦田，在起身前后深中耕 8~10 cm，切断浮根，抑制小分蘖，促主茎和大分蘖生长，加速两极分化，推迟封垄期，促植株健壮生长。

7. 适当镇压 对群体较大，植株较高的麦田，除控制返青肥水和深中耕外，起身后拔节前还要进行镇压，以促根系下扎，增粗茎基部节间和降低株高。镇压视旺长程度进行 1~3 次，每次间隔 5 天左右，镇压时还应掌握"地湿、早晨、阴天"三不压的原则。对密度大、长势旺、有倒伏危险的麦田，应及早疏苗，或耙耱 1~2 次，疏掉部分麦苗，后浇 1 次稀粪水。

8. 加强中后期管理 如果小麦拔节后基部茎秆，特别是第一、第二节间较长，茎壁较薄，发育较差，将导致小麦植株重心上移，中后期发生倒伏的风险增大。农谚说："谷倒一把糠，麦倒一把草。"小麦如果发生倒伏，不仅减产，还会带来难以机械收获、贪青晚熟等一系列麻烦。因此，小麦中后期田间管理应针对性采取以下有效措施加以应对。

（1）慎重浇水防止倒伏 小麦拔节以后生长发育旺盛，需水需肥也旺盛。尤其是孕穗到抽穗期是小麦需水的临界期，受旱对产量影响最大。开花至成熟期的耗水量占整个生育期耗水总量的 1/4。所以，要因地制宜适时浇好挑旗扬花水或灌浆水，以保证小麦生理用水，同时还可抵御干热风危害。但是浇水应特别注意天气，不要在风天、雨天浇水，还要依据土壤质地掌握好灌水量，以防发生倒伏。

（2）**慎重施肥防止晚熟**　拔节以后，一般可通过叶面喷肥来补充小麦对肥料的需求。选肥施肥原则是既要防早衰又要防贪青。特别是晚播小麦，只要不是叶片发黄缺氮或是强筋专用小麦品种，后期不要喷施含氮的氨基酸、尿素等叶面肥，应当喷施磷、钾肥和中微量元素肥料，目的是要及早预防小麦贪青晚熟。一般可用磷酸二氢钾，并添加防病治虫的适宜药剂和芸苔素内酯等生长调节剂，对水配制成复配溶液，"一喷三防" 2～3 次。市场上常有仿磷酸二氢钾，实际上是三元复合肥，养分内含有氮肥，选购使用时要注意。

（3）**及早搞好"一喷三防"**　做到应变适时、早防早控，防患于未然。若暖冬病虫越冬基数较高，易造成小麦病虫害偏重、提早发生，麦穗蚜、螨类、吸浆虫、赤霉病、白粉病可能偏重流行。因此 "一喷三防" 应根据田间病虫实际发生情况，可提早在扬花前开始。注意喷洒均匀防药害；严格遵守农药使用安全操作规程，做好人员防护，防止农药中毒；做好施药器械的清洁、农药瓶袋等包装废弃物品回收处理，注重农业生态安全。

9. 化学控制

（1）**喷施多效唑**　对群体大、长势旺的麦田或植株较高的品种，在小麦起身期，每亩喷洒 200 mg/kg 多效唑溶液 30 kg，可使植株矮化，缩短基部节间，降低植株高度，提高根系活力，抗倒伏能力增强，并能兼治小麦白粉病和提高植株对氮素的吸收利用率。

（2）**施用烯效唑**　烯效唑是一种新型高效植物生长调节剂，其生物活性比多效唑高 6～10 倍。在小麦上施用，可以防止高密度、高肥水条件下的植株倒伏，并有减少不孕穗和提高千粒重的作用；据试验，在未遇风、不倒伏的情况下，施用烯效唑的小麦比对照平均增产 15.4%。施用方法：在小麦拔节前一周内，每亩喷 30～40 mg/kg 烯效唑溶液 50 kg。

（3）喷施矮壮素　对群体大、长势旺的麦田，在拔节初期每亩喷 0.15%～0.3% 矮壮素溶液 50～75 kg，可有效地抑制节间伸长，使植株矮化，茎基部粗硬，从而防止倒伏。

（4）喷施甲哌鎓　在拔节期每亩用甲哌鎓 15～20 mL，对水 50～60 L 叶面喷洒，可抑制节间伸长，防止后期倒伏，使产量增加 10%～20%。

10. 防病治虫

推广化学防控措施，对小麦病虫等采取预防为主、综合防治的措施。特别要及时防治小麦纹枯病，在播种时用药剂拌种，2 月下旬至 3 月上旬是防治纹枯病的关键时期，一旦达到防治指标，及时喷药，增加小麦抗逆性和抗倒伏能力。

三、小麦倒伏发生后的补救措施

通常在灌浆期前发生早期倒伏的小麦，一般都能不同程度地恢复直立，而灌浆后期发生晚期倒伏的，由于小麦"头重"不易恢复直立，往往只有穗和穗下茎可以抬起头来。及时采取措施加以补救。

1. 小麦倒伏后不要人工扶直倒伏小麦

当小麦倒伏后，其茎秆就由最旺盛的居间分生组织处向上生长，使倒伏的小麦抬起头来并转向直立，还能保持两片功能叶进行光合作用，反之若人工扶直，则易损伤茎秆和根系。应让其自然恢复生长，这样可将减产损失降至最低。

2.小麦倒伏后要及时进行叶面喷肥　倒伏后小麦植株抗逆性降低，应及时进行叶面喷肥补充营养，这样可以起到增强小麦植株抗逆性、延长灌浆时间、稳定小麦粒重的作用。一般每亩用磷酸二氢钾 150 ~ 200 g，对水 50 ~ 60 kg 进行叶面喷洒，或 16% 的草木灰浸出液 50 ~ 60 kg 喷洒，以促进小麦生长和灌浆。

3.加强病虫害防治　如果倒伏后没有病害发生，一般轻度倒伏对产量影响不大，重度倒伏也会有一定的收获，但如不能控制病害的流行蔓延，则会"雪上加霜"，严重减产。及时防治倒伏后带来的各种病虫害，是减轻倒伏损失的一项关键性措施。

附录

小麦生产的部分术语和定义

【标准氮肥】含氮20%的氮肥为标准氮肥，简称标氮，如氮素用量 $=400 \times 0.02 = 8$（kg/亩），相当于标准氮肥40 kg/亩。

【田间持水量】指土壤所能稳定保持的最高土壤含水量，也是土壤中所能保持悬着水的最大量，是对作物有效的最高的土壤含水量，且被认为是一个常数，常用来作为灌溉上限和计算灌水定额的指标。但它是一个理想化的概念，严格说不是一个常数。也就是说土壤含水量是不断变化的，土壤含水量达到最大值时就说田间持水量。

【二棱期】在幼穗中部，苞叶原基腋部出现二次突起，为小穗原基（苞叶的腋芽原基形成）。由于小穗原基也呈棱状，与苞叶原基构成"二棱"，故称为二棱期，然后上部、基部相继出现小穗原基。二棱后期，已分化的小穗原基不断增大，最终完全遮没苞叶原基，只能看到伸出的舌状小穗原基，称为二棱后期。此时幼穗顶端小穗原基已分化，每穗分化的小穗数基本确定。

【雌雄蕊原基分化期】当中部小穗分化出3～4朵小花原基时，小穗基部第一朵小花首先分化出3枚雄蕊原基，呈半球形（鼎立于内外颖原基之间，其中一枚正好位于外颖内侧），接着在雌蕊原基中间分化出现1枚雌蕊原基，称之为雌雄蕊原基分化期。此时基部第二节间开始伸长（倒三叶），相当于物候学拔节期。

【药隔形成期】雄蕊原基分化出现后，体积继续增大，由圆球形变成四方柱形，并沿中部自顶向下分化出纵裂药隔，将花药分成四个花粉束，雌蕊顶端下凹，分化出2枚柱头原基（两叉状柱头），有芒的品种芒沿外颖中脉伸长。植株第三节间开始伸长，总分化小花数在此期确定。

【水浇地】属于耕地的一种，耕地主要包括水田、水浇地以及旱地，其中水浇地指的是有水源保证和灌溉设施，在正常年景当中可以正常灌溉的耕地，发生干旱的时候除外。水浇地是可以用来种植旱生农作物或者蔬菜的耕地。

【底墒】泛指耕层以下到 50 cm 深度内的水分。种庄稼以前土壤中已有的湿度（蓄足底墒）。

【播种期】指小麦的播种日期。

【出苗期】小麦的第一片真叶露出地表 2～3 cm 为出苗，田间有 50% 以上麦苗达到出苗标准的时期，为该田块小麦的出苗期。

【三叶期】田间有 50% 以上麦苗主茎的第三叶伸出 2 cm 左右的时期，为该田地小麦的三叶期。

【分蘖期】田间有 50% 以上麦苗的第一分蘖露出叶鞘 2 cm 左右的时期，为该田地小麦的分蘖期。

【越冬期】冬麦区冬前日平均气温降至 1℃ 以下，麦苗基本停止生长，翌年春季平均气温升至 1℃ 以上，麦苗恢复生长，这段停止生长的阶段称为小麦的越冬期。

【返青期】越冬后，春季气温回升，新叶开始长出的时期为小麦的返青期。

【起身期】主茎春生的第一叶叶鞘和年前最后一叶叶耳距离相差 1.5 cm 左右，茎部第一节间开始伸长（长度为 0.1～0.5 cm），但尚未伸出地面时为小麦的起身期。起身期一般比拔节期早 7～10 天。

【拔节期】田间有 50% 以上植株茎部的第一节间露出地面 1.5～2.0 cm 的时期，为该田地小麦的拔节期。

【孕穗期（挑旗期）】当小麦旗叶完全展开，叶耳可见，旗叶叶鞘包着的幼穗明显膨胀时，大穗进入四分体分化期，全田 50% 植株达到此状态的时期，为该田地小麦的孕穗期（挑旗期）。该时期，旗叶与倒二叶叶环距离长约 1 cm。

【抽穗期】全田 50% 麦穗顶部露出叶鞘 2 cm 左右的时期，为该田地小麦的抽穗期。另一标准是全田 50% 以上麦穗（不包括芒）由叶鞘中露出穗长的 1/2 的时期，为小麦的抽穗期。

【开花期】全田 50% 的麦穗上中部的花开放，露出黄色花药的时期，为该田地小麦的开花期。

【蜡熟期】籽粒小、颜色接近正常，内部呈蜡状，籽粒含水率约 25%。蜡熟末期籽粒干重达最大值，是适宜的收获期。

【完熟期】籽粒已具备品种正常的大小和颜色，内部变硬，含水率降至 22% 以下，干物质积累停止的时期。

参考文献

[1] 杨雄，王迪轩，何永梅.小麦优质高产问答[M].2版.北京：化学工业出版社，2020.

[2] 杨英茹，车艳芳.现代小麦种植与病虫害防治技术[M].石家庄：河北科学技术出版社，2014.

[3] 刘建军，陈康，陈建友.小麦绿色高产栽培理论技术体系与实践[M].北京：中国农业出版社，2019.

[4] 赵广才.小麦优质高产栽培理论与技术[M].北京：中国农业科学技术出版社，2018.

[5] 马艳红，王晓凤，毛喜存.小麦规模生产与病虫草害防治技术[M].北京：中国农业科学技术出版社，2018.

[6] 尹钧，韩燕来，孙炳剑.图说小麦生长异常及诊治[M].北京：中国农业出版社，2019.